《菜根谭》成书于明万历年间，距今已有近四百年的历史。著者洪应明，字自诚，号还初道人，早年热衷仕途功名，晚年归隐山林，潜心读书立文，最终将自己的人生体会、读书心得和生活参悟付诸笔尖，挥毫泼墨，著成包含三百多条错落有致语录的文集。

“菜根”一词本出自北宋学者汪信民的一句“咬得菜根，百事可做”。这句话的意思是说，一个人只要坚强地适应清贫的生活，不论做什么事情，都会有所成就。

洪应明偶见此言，一时有感而发，便以此立意，定“心安茅屋稳，性定菜根香”为主旨，写下了几百年传世不衰的菜根箴言。这些箴言融合了儒家的中庸思想、道家的无为思想和释家的出世思想，深入浅出地讲述关于修养、处世、出世等多个方面的人生哲学，告知后世读者享受平凡、活出真我，自会觅得人生真味的道理。在古色古香的文字当中，我们收获的并非晦涩的道理，恰恰相反，《菜根谭》辞藻优美、言简意赅，通过洞察人生百态来点化世间万事，可谓是囊括五千年中国处世智慧的奇书。

品读本书，可以让人心旷神怡，重温那种已被淡忘的真趣；也可省察己身，使被烦恼、压力束缚的身心得以解脱；同时，还会帮我们稀释现实生活中的种种困惑和焦虑，找到解决这些症结的方法。例如，以中庸的心态看待工作中的压力、人际交往中的困惑，以德行的修养开阔求学的心域，以放达的心胸调和工作和休闲比例，以真我之心反省自身、跟进生活，等等。无论是在阅读中还是在合上书页之后，我们都会在不知不觉中放松下来，开阔心胸，放慢脚步，在实现人生价值的同时享受生活。

第一章
高处立，低处行——修身篇

第二章
自省克己——慎独篇

第三章
达观处变——宽心篇

第四章
明心识人——交友篇

第五章
进退自如——处世篇

第六章
笑看成败——功业篇

第七章
清心寡欲——功名篇

第八章
凡事随缘——淡泊篇

第九章
读书明理——求学篇

第十章
教子安家——育人篇

第十一章
随处安然——静心篇

第一章　高处立，低处行——修身篇

洁身自好　栖守道德

【原文】

栖守[1]道德者，寂寞一时；依阿[2]权势者，凄凉万古。达人[3]观物外之物[4]，思身后之身，宁受一时之寂寞，毋[5]取万古之凄凉。

【注释】

①栖守：坚守。栖，原指鸟停在树上，后泛指居住和停留。②依阿：胸无定见，曲意逢迎。③达人：指心胸豁达宽广、通达知命的人。④物外之物：泛指物质以外的东西，即道德修养和精神世界。⑤毋：同“勿”，不要。

【译文】

一个能够坚守道德准则的人，也许会寂寞一时；一个依附权贵的人，却会有永远的孤独。心胸豁达宽广的人，考虑到死后的千古名誉，所以宁可忍受一时的寂寞，也绝不会因依附权贵而遭受万世的凄凉。

与其练达　不若老实

【原文】

涉世浅，点染[1]亦浅；历事深，机械[2]亦深。故君子与其练达[3]，不若朴鲁[4]；与其曲谨[5]，不若疏狂。

【注释】

①点染：本为国画中的一种笔法，此处引申为玷污。②机械：原指巧妙器物，此处比喻人的心机。③练达：通晓人情世故。④朴鲁：此处指憨厚，老实。⑤曲谨：谨小慎微的意思。

【译文】

一个刚刚涉足社会的人，阅历不深，受到不良习气的影响也少；而阅历丰富的人，各种处事技巧往往也很多。所以，一个坚守道德准则的君子，与其过于精明圆滑，不妨朴实笃厚；与其谨小慎微、曲意迎合，不如坦荡大度。

心地光明　才华韫藏

【原文】

君子之心事，天青日白①，不可使人不知；君子之才华，玉韫珠藏②，不可使人易知。

【注释】

①天青日白：比喻光明磊落的胸怀。②玉韫珠藏：泛指珠宝玉石深藏起来。

【译文】

有道德修养的正人君子，有着光明磊落的胸怀，没有什么需要隐藏的阴暗行为；而君子的才情和能力应该像珍贵的珠宝一样，不浮浅外露，从不轻易向人炫耀。

真味是淡　至人如常

【原文】

酞肥辛甘①非真味②，真味只是淡；神奇卓异③非至人，至人④只是常。

【注释】

①酞肥辛甘：泛指一切美味。酞，美酒。肥，肉肥美。②真味：美妙可口的味道，喻人的自然本性。③卓异：卓越超凡。④至人：道德修养都达到完美无缺的人，即最高境界。《庄子·逍遥游》："至人无己，神人无功，圣人无名。"

【译文】

烈酒、肥肉、辛辣、甘甜并不是真正的美味，真正的美味是清淡平和；行为举止卓越超群的人不是真正德行完美的人，真正德行完美的人，其行为举止和普通人一样。

心想高处　不安现状

【原文】

粪虫①至秽②，变为蝉而饮露于秋风③；腐草无光，化为萤④而耀采于夏日。因知洁常自污出，明每从晦⑤生也。

【注释】

①粪虫：粪土中所生的蛆虫，此处指在土中生存的蝉蛹。②秽：脏臭的东西。③“变为”句：蝉，又名知了，幼虫在土中吸树根汁，蜕变成蛹后登树，再蜕皮成蝉。饮露于秋风，蝉不吃普通的食物，只以喝露水为生，古代以此为高洁之象征。④化为萤：腐草能化为萤火虫是传统说法，据《礼记·月令》：“季夏三月，腐草为萤。”⑤晦：暗的意思。

【译文】

在粪土中生活的幼虫是最为肮脏的东西，可是它一旦蜕变成蝉，便在秋风中吸饮洁净的露水；腐败的草堆本身不会发出光彩，可是它孕育出的萤火虫在夏夜里闪耀出点点光亮。洁净的东西最初多是从污秽之中诞生的，而光明的东西也常常从晦暗中孕育。

正气清白　留于乾坤

【原文】

宁守浑噩[①]而黜[②]聪明，留些正气还天地；宁谢纷华[③]而甘澹泊，遗个清白在乾坤[④]。

【注释】

①浑噩：即浑浑噩噩，无知无识的样子，此处指人类天真朴实的本性。《法言·问神》：“虞夏之书浑浑尔，商书灏灏尔，周书噩噩尔。”浑浑，深大的样子。噩噩，严肃的样子。②黜：摒除，斥逐。③纷华：繁华富丽。④乾坤：象征天地、阴阳等。《易·说卦》：“乾，天也，故称乎父；坤，地也，故称乎母。”

【译文】

做人宁可保持纯朴自然的本性，抛弃机心巧诈的聪明，也要留些浩然正气还给大自然；宁可谢绝富丽繁华的诱惑，甘心过着淡泊宁静的生活，也要留个清白的声名在世间。

欲路勿染　理路勿退

【原文】

欲路[①]上事，毋乐其便而姑为染指[②]，一染指便深入万仞[③]；理路[④]上事，毋惮[⑤]其难而稍为退步，一退步便远隔千山。

【注释】

①欲路：泛指欲念、情欲、欲望。②染指：比喻巧取不应得的利益。③万仞：指山很高、崖很深。仞，长度单位，古时以八尺为一仞。④理路：泛指义理、真理、道理。⑤惮（dàn）：害怕，畏惧。

【译文】

欲念方面的事，不要因为贪图眼前的方便而随意沾染，一旦放纵自己就会堕入万丈深渊；义理方面的事，不要因为害怕困难而退缩不前，一旦退缩就会与真理远隔万水千山。

有木石心　具云水趣

【原文】

进德修道[①]，要个木石[②]的念头，若一有欣羡，便趋欲境；济世经邦[③]，要段云水[④]的趣味，若一有贪著[⑤]，便坠危机。

【注释】

①进德修道：提高品德修养，研习圣贤之道。②木石：木柴和石块都是无欲望无感情的物体，这里比喻没有情欲。③济世经邦：治理国家，救助天下。④云水：禅林称行脚僧为云水，以其到处为家，有如行云流水。黄庭坚诗："淡如云水僧。"⑤贪著：贪婪与执着的念头。

【译文】

凡是培养道德磨炼心性的人，必须具有木石般坚定的意志，如果对世间的名利奢华稍有羡慕，那么就会落入被物欲困扰的境地；凡是治理国家拯救世间的人，必须有一种行云流水般淡泊的胸怀，如果有了贪图荣华富贵的念头，就会陷入危险的深渊。

富贵名誉　自道德来

【原文】

富贵名誉，道德来者[①]，如山林中花，自是舒徐[②]繁衍；自功业来者，如盆槛[③]中花，便有迁徙兴废；若以权力得者，如瓶钵中花[④]，其根不植，其萎可立而待矣。

【注释】

①道德来者：利用道德获得。②舒徐：舒，展开。徐，缓慢。舒徐指从容自然。③槛：木围栏，此处指园圃，花园。④瓶钵中花：插在花瓶里的花。

【译文】

世间的财富、地位和名声，如果是通过提高品行和修养所得，那么就像生长在山野的花草，自然会繁茂昌盛、绵延不断；如果是通过建立功业所换得，那么就像生长在花盆中的花草，会因为迁移变动而繁茂或者枯萎；如果是通过玩弄权术或依靠暴力得到，那么就像插在花瓶中的花草，因为没有根基，花草很快就会枯萎。

至善无痕　施之不求

【原文】

施恩[1]者，内不见己，外不见人，则斗粟[2]可当万钟[3]之惠；利物者，计己之施，责人之报，虽百镒[4]难成一文之功。

【注释】

①施恩：施舍恩惠。施，施舍。②斗粟：斗，量器的名，一斗为十升。斗粟指一斗米。③万钟：钟，量器名。万钟形容多，指受禄之多。《孟子·告子》："万钟则不辨礼仪而受之。"④百镒（yì）：形容金钱极多。镒，古时重量名。《孟子·梁惠王》注："古者以一镒为一金，一镒是为二十四两也。"

【译文】

一个布施恩惠于人的人，不应总将此事记挂在内心，也不应对外宣扬，那么即使是一斗粟的恩惠也可以得到万斗的回报；以财物帮助别人的人，总在计较对他人的施舍，而要求别人予以报答，那么即使是付出万两黄金，也难有一文钱的功德。

花铺好色　人行好事

【原文】

春至时和[1]，花尚铺一段好色[2]，鸟且啭[3]几句好音。士君子幸列头角[4]，复遇温饱，不思立好言[5]，行好事，虽是在世百年，恰似未生一日。

【注释】

①时和：气候暖和。②好色：美景。③啭：鸟的叫声。④头角：比喻才华出众，一般说成“崭露头角”。⑤立好言：树立有益的言论。为儒家倡导“三不朽”（立德、立功、立言）之一。

【译文】

春天到来时，风和日丽，花草树木都会争奇斗艳，为大自然增添一道美丽的风景，林间的鸟儿也会婉转啼鸣出美妙的乐章。读书人通过努力出人头地，过上丰衣足食的生活，但却不考虑写下不朽的篇章，为世间多做几件善事，那么他即使能活到百岁，也宛如没有在世上活一天一样。

舍勿处疑　恩不图报

【原文】

舍己[1]毋处其疑[2]，处其疑，即所舍之志多愧矣；施人毋责其报[3]，责其报，并所施之心俱非矣。

【注释】

①舍己：牺牲自己。②毋处其疑：不要犹疑不决。③毋责其报：不可苛求报答。责，责求之意。

【译文】

既然要做出牺牲，就不要过多地计较得失而犹豫不决，过多计较得失，这种自我牺牲的志节就会蒙上羞愧；既然要施恩与人，就不要希望得到回报，希望得到回报，那么这种乐善好施的善良之心也会失去价值。

立名者贪　用术者拙

【原文】

真廉[1]无廉名，立名[2]者正所以为贪；大巧[3]无巧术[4]，用术者乃所以为拙[5]。

【注释】

①廉：不贪、廉洁。《荀子·修身》：“无廉耻而嗜乎饮食，则可谓恶少者矣。”②立名：树立名声。③大巧：聪明绝顶。④术：方法、手段。贾思勰《齐民要术序》：“桑弘羊之均输法，益国利民之术也。”⑤拙：笨。《庄子·胠箧》：“大巧若拙。”

【译文】

真正廉洁的人并不一定树立廉洁的名声，那些为自己树立名声的人正是因为贪图名声；一个真正有大智慧的人不会去卖弄那些技巧，玩弄技巧的人正是为了掩饰自己的拙劣。

天机最神 智巧无益

【原文】

贞士[①]无心徼福[②]，天即就无心处牖[③]其衷；人着意避祸，天即就着意中夺其魄。可见天之机权最神，人之智巧何益？

【注释】

①贞士：指坚守志节，意志坚定的人。②徼福：徼：同"邀"，祈求。《左传·僖公四年》："君惠徼福于敝邑之社稷，辱收寡君。"③牖：用木料做的窗子。《说文·通训定声》："牖，旁窗也。"

【译文】

一个坚守志节的人虽然并不用心去求取福分，可是上天在他无意之间引导他完成自己的心愿；阴险的人虽然刻意去躲避灾祸的惩罚，可是上天在他着意逃避之处夺走他的魂灵使其丧失元气。由此可见，上天运用魔力的手段非常神奇莫测，凡人的智慧再高明又有什么用呢？

人活一世 晚节更重

【原文】

声妓[①]晚景从良，一世之烟花[②]无碍；贞妇白头失守，半生之清苦俱非。语云："看人只看后半截[③]。"真名言也。

【注释】

①声妓：本指歌舞妓，此处泛指妓女。②烟花：妓女的代称，指妓女的生涯。③后半截：后半生。

【译文】

从事声色之业的妓女在晚年的时候能够结束卖笑生涯成为良家妇女，过去的风尘生活对她的生活也不会有什么妨碍；坚守节操的妇女如果在晚年的时候失去了贞操，那么她前半生的辛苦守节都白费了。所以俗

语说："看一个人的节操如何，主要是看他的后半生。"这真是一句至理名言啊。

种德施惠　无关地位

【原文】

平民肯种德[1]施惠，便是无位的公相[2]；士夫[3]徒贪权市宠，竟成有爵的乞人。

【注释】

①种德：行善积德。②无位的公相：没有职位的公侯将相。③士夫：士大夫的简称。

【译文】

一个平民老百姓如果愿意尽自己的能力，广积恩德、广施恩惠，他虽然没有公卿相国的名位，却同样受到世人景仰；那些有高官厚禄的士大夫如果只是一味地争夺权势、贪恋名声，就像有着公卿爵位的乞丐一样。

君子改节　无异小人

【原文】

君子而诈善[1]，无异小人之肆恶[2]；君子而改节[3]，不及小人之自新。

【注释】

①诈善：虚伪的善行。②肆恶：纵恣，放肆。《左传·襄公二十三年》："不可肆也。"③改节：改变操守。

【译文】

那些道貌岸然的君子如果以欺诈行为博取善名，那么他们的行为与邪恶的小人作恶多端没有什么两样；一个正人君子如果放弃自己的志节落入浊流，那还不如一个改过自新的小人。

人品极处　本心使然

【原文】

文章作到极处[1]，无有他奇，只是恰好；人品做到极处，无有他

异，只是本然[2]。

【注释】

①极处：最高境界。②本然：本来如此。

【译文】

文章写到最美妙的境界，没有什么特别奇异之处，只是写得恰到好处；品德修炼到最高尚的境界，没有什么特别的地方，只是表现了人最善良的本性。

德怨两忘 恩仇俱泯

【原文】

怨因德彰[1]，故使人德[2]我，不若德怨之两忘；仇因恩立，故使人知恩，不若恩仇之俱泯[3]。

【注释】

①彰：明显。东方朔《七谏·沉江》：“夷吾忠而名彰。”②德：作动词，对我感恩怀德。③泯：灭。

【译文】

一切怨恨都会因为行善而更加明显，所以，有的人会感谢我，有的人会怨恨我，与其让人感谢我的德行，还不如让别人把赞扬和怨恨都忘掉；一切仇恨都是因为恩惠而产生的，所以，与其让人知道我的恩惠，还不如让别人把恩惠和仇恨都忘掉。

权衡利弊 扶公却私

【原文】

市[1]私恩，不如扶[2]公议；结新知，不如敦[3]旧好；立荣名，不如种隐德；尚奇节[4]，不如谨庸行[5]。

【注释】

①市：买卖。②扶：扶持。③敦：厚，这里指加深。④奇节：异想天开的功绩。⑤庸行：平常行为。

【译文】

如果为了满足自己的私心而施予恩惠，还不如去帮助大众获得利益；结交很多新朋友，还不如保持与老朋友之间的关系；建立荣誉争取名声，

还不如在暗中积累德行；与其追求异想天开的功绩，还不如默默地做点好事。

甘于苦寂　磨炼本领

【原文】

青天白日的节义[①]，自暗室屋漏中培来；旋乾转坤的经纶，自临深履薄处缲[②]出。

【注释】

①节义：节操。②缲（sāo）：总结，理出。

【译文】

像青天白日那样光明磊落的节操，是在艰苦和默默无闻的环境中培养出来的；可以扭转乾坤担当重任的本领，是从谨慎严密的处事态度中磨炼出来的。

以德御才　恃才败德

【原文】

德者才之主，才者德之奴。有才无德，如家无主奴用事[①]矣，几何不魍魉猖狂[②]。

【注释】

①用事：此指当家。②魍魉猖狂：胡作非为。

【译文】

品德是一个人才能的主人，而才能是品德的用人。如果一个人只有才能而缺乏品德，就好像一个家庭没有主人而由用人当家，这样哪有不胡作非为、放纵嚣张的呢？

德随量进　量由识长

【原文】

德随量进，量由识[①]长。故欲厚其德，不可不弘[②]其量；欲弘其量[③]，不可不大其识。

【注释】

①识：知识，经验。②弘：扩大。③量：气量，气度。

【译文】

人的品德会随着气度的宽大而增进，气度会随着人生经验的丰富而更为宽宏。因此，想要深厚自己的品德就不能不使自己的气度宽宏，宽宏自己的气度，就不能不增加自己的生活历练，丰富人生知识。

不能养德　终归末技

【原文】

节义傲青云[①]，文章高白雪，若不以德性陶[②]熔之，终为血气之私，技能之末。

【注释】

①青云：此处喻显贵。②陶：陶冶。

【译文】

节操和义气足以胜过高官厚禄，生动感人的文章比名曲《白雪》更加美妙，如果不是用道德准则来贯穿其中，那么终究是血气冲动时的个人感情，是一种玩弄技艺的低级手段而已。

功名易逝　气节长存

【原文】

事业文章随身销毁，而精神万古如新；功名富贵逐世[①]转移，而气节千载一日[②]。君子信不当以彼此易也。

【注释】

①逐世：随着时代转换。②千载一日：千年有如一日，比喻永恒不变。

【译文】

一般来说，事业和文章会随着人的死亡而消失，只有伟大的精神万古不朽；功名利禄、富贵荣华会随着时代的变迁而转移，忠臣义士的志节却会永远留在人间。可见一个君子绝对不可以放弃留名青史的气节，去换取会随身销毁的东西。

勿昧所有　勿夸所有

【原文】

前人云："抛却自家无尽藏，沿门持钵效贫儿。"又云："暴富贫儿休说梦，谁家灶里火无烟？"一箴[1]自昧所有，一箴自夸所有，可为学问切戒。

【注释】

①箴：告诫，劝告。

【译文】

古人说过："有人把自家无尽的财富放在一边不用，却仿效一无所有的穷人拿着钵沿门沿户去讨饭。"又说："突然暴富的穷人不要信口开河，哪家的炉灶烟囱不冒烟呢？"前一句话告诫人们不要妄自菲薄，后一句话告诫人们不要自我夸耀，所说的这两种情况都应该作为做学问的鉴戒。

为人以诚　待人以信

【原文】

信人[1]者，人未必尽诚，己则独诚矣；疑人者，人未必皆诈，己则先诈矣。

【注释】

①信人：信任他人。

【译文】

一个能信任别人的人，也许别人并不十分诚实，但他自己是诚实的；一个怀疑别人的人，别人也许并不都狡诈，但他自己已经是狡诈的了。

善事奉行　恶事莫作

【原文】

为善不见其益，如草里冬瓜，自应暗长；为恶不见其损，如庭前春雪，当必潜消[1]。

【注释】

①潜消：暗暗地消失。

【译文】

虽然做好事不一定能立即看到什么好处，但是好事的益处就像掩在草里面的冬瓜一样，于不知不觉中长大；做了坏事也许不会立即看出对自己的损害，但它就像春天庭院中的积雪一样，暗地里必然消融。

君子立德　小人图利

【原文】

勤者敏[①]于德义，而世人借勤以济其贫；俭者淡于货利，而世人假俭以饰其吝。君子持身之符[②]，反为小人营私之具矣，惜哉！

【注释】

①敏：奋勉。②符：即符节，引申为信念。

【译文】

勤奋的人会十分注意加强道义和品德的修养，而世人却用勤奋作为解决贫困的办法；俭朴的人对财物和金钱都很淡泊，但是世人以俭朴作为掩饰吝啬的借口。君子修身立德的标准成了小人营私罔利的工具，可惜啊！

慈悲心肠　如坐春风

【原文】

为鼠常留饭，怜蛾不点灯[①]，古人此等念头，是吾人一点生生之机。无此，便所谓土木形骸[②]而已。

【注释】

①为鼠常留饭，怜蛾不点灯：佛教典故，喻慈悲心肠。②土木形骸：比喻死气沉沉，没有生机。

【译文】

担心老鼠挨饿而常常留下一些饭粒，怕飞蛾扑火便不点亮油灯，古代的人常有这些仁慈的心肠，这些慈悲之心正是我们人类繁衍不息的生机。没有这些，那么人类也就与那些木偶泥塑没有什么区别了。

一念慈祥　寸心洁白

【原文】

一念慈祥，可以酝酿两间和气；寸心洁白，可以昭垂[1]百代清芬。

【注释】

①昭垂：流传。昭，明亮。

【译文】

心中存有慈祥的念头，可以形成天地间温暖平和的气息；心地保持纯洁清白，可以留给后世百代美好的名声。

堂堂正正　本来不失

【原文】

夸逞功业，炫耀文章，皆是靠外物做人。不知心体莹然[1]，本来不失，即无寸功只字，亦自有堂堂正正做人处。

【注释】

①莹然：本指玉石的光泽，比喻心地纯净。

【译文】

夸耀自己的功业，炫耀所写的文章，这些都是依靠外在之物来做人。殊不知，只要保持心地的洁白纯净，不失自然的本性，即使没有半点功业，没有片纸文章，也自然可以堂堂正正地做人。

学会感恩　一生无憾

【原文】

受人之恩，虽深不报，怨则浅亦报之；闻人之恶，虽隐不疑，善则显亦疑之。此刻之极，薄之尤[1]也，宜切戒之。

【注释】

①薄之尤：薄情寡义达到了极致。

【译文】

受到了别人很大的恩德不知道报答，而对人有一点怨恨就进行报复；听到他人的坏事虽不明显也坚信不疑，而明知他人做了好事却持怀疑的态度。这样的行为刻薄冷酷到极点，一定要避免。

机心不用　质朴显诚

【原文】

文以拙[1]进，道以拙成，一拙字有无限意味。如桃源犬吠，桑间鸡鸣，何等淳庞。至于寒潭之月，古木之鸦，工巧中便觉有衰飒气象矣。

【注释】

①拙：笨拙，此为质朴，非贬义词。

【译文】

文章讲究质朴实在才能长进，道义讲究真诚自然才能修成，一个"拙"字蕴含着说不尽的意味。像桃花源中的狗叫，又如桑林间的鸡鸣，是多么淳朴有余味啊！至于清冷潭水中映照的月影，枯老树木上的乌鸦，虽然工巧，却给人一种衰败的气象。

坚守良知　保全清白

【原文】

山林之士，清苦而逸趣自饶；农野之人，鄙略而天真浑具。若一失身市井驵侩[1]，不若转死沟壑神骨[2]犹清。

【注释】

①驵（zǎng）侩（kuài）：原指马匹交易的经纪人，此处泛指市井之人。②神骨：神韵风骨。

【译文】

隐居在山林中的通达之士，虽然生活清苦却享受着闲逸自得的雅趣；乡间田野的农夫，虽然为人粗鲁，却具备淳朴自然的本性。如果是在市井中污染自己的清名，还不如死在荒野山谷中，保全精神和肉体的清白。

坚持原则　当止则止

【原文】

饱后思味，则浓淡[1]之境都消；色[2]后思淫，则男女之见尽绝。故人常以事后之悔悟，破临事之痴迷，则性定[3]而动无不正[4]。

【注释】

①浓淡：咸淡，此处指美食的味道。②色：原指女色，此处指性事。③性定：保持纯真的本性。④不正：不符合正轨。

【译文】

如果在吃饱喝足之后再品尝美味佳肴，那么食物的所有甘美味道都体会不出；满足了色欲之后再回想淫邪之事，一定无法激起男欢女爱的念头。所以人们如果常常用事后的悔悟心情来解除眼前的痴狂迷妄，便可以保持自己纯真的本性，在行动上便会有正确原则，而不至于走歪路。

不昧己心　造福他人

【原文】

不昧己心，不尽[①]人情，不竭物力，三者可以为天地立心，为生民立命，为子孙造福。

【注释】

①不尽：不违背。

【译文】

不违背自己的良心，不违背人之常情，不浪费物资财力。做到这三点，就可以在天地之间树立善良的心性，为生生不息的民众创造命脉，为子子孙孙造福。

过俭者吝　过谦者卑

【原文】

俭，美德也，过则为悭吝，为鄙啬，反伤雅道；让，懿行[①]也，过则为足恭，为曲谨，多出机心。

【注释】

①懿行：高尚的行为。

【译文】

生活俭朴是一种美德，可是如果俭朴过分就是吝啬、斤斤计较，反而伤害了与人交往的雅趣；处事谦让是一种高尚的行为，可是如果谦让过分，就显得卑躬屈膝、谨小慎微，反而让人觉得心计过多。

心如止水　浊中悟道

【原文】

把握未定，宜绝迹尘嚣，使此心不见可欲而不乱，以澄吾静体[①]；操持既坚，又当混迹风尘，使此心见可欲而亦不乱，以养吾圆机。

【注释】

①静体：沉静的心体。

【译文】

当一个人对自己的内心不能把握控制时，应该远离尘世的喧嚣，使这颗心不受欲望的诱惑，这样就不会迷乱，然后能够清明自身纯净的本性；如果内心的操守已经足够坚定，又应该混居滚滚红尘中，使这颗心面对欲望的诱惑也不会迷乱，这样便能修养自己圆通的灵机。

事起害生　无事为福

【原文】

一事起则一害生，故天下常以无事为福。读前人[①]诗云："劝君莫话封侯事，一将功成万骨枯。"又云："天下常令万事平，匣中不惜千年死。"虽有雄心猛气，不觉化为冰霰矣。

【注释】

①前人：指唐代诗人曹松，字梦徵，舒州（今安徽潜山附近）人。七十余岁中进士，善诗，有诗集。

【译文】

有一事起就有一害生，所以达观者常以无事为福。前人曹松诗说："我奉劝诸君还是不要谈封侯拜相的事，因为名将的战功都是千万人的头颅所堆成的。"古人又说："要想天下永远太平无事，只有把所有的兵器都收藏在仓库中。"当读完这两句诗后，即使本来有奋发的雄心壮志，也不由得立刻变成冰雪一般冷寂。

第二章　自省克己——慎独篇

秉持原则　污泥不染

【原文】

势利[①]纷华[②]，不近[③]者为洁，近之而不染尤洁；智械机巧[④]，不知者为高，知之而不用者尤高。

【注释】

①势利：指权势和利欲。②纷华：指繁华的景色。③近：接近，此处为动词。④智械机巧：心计权谋。

【译文】

面对世上纷纷扰扰的追逐名利的恶行，不去接近是志向高洁，然而接近了却不受污染则更为品质高尚；面对计谋权术这样的奸猾手段，不知道它的人固然是高尚的，而知道却不去用这种手段者则无疑更为高尚可贵。

闻逆耳言　怀拂心事

【原文】

耳中常闻逆耳之言，心中常有拂心[①]之事，才是进德修行的砥石[②]。若言言悦耳，事事快心，便把此生埋在鸩毒[③]中矣。

【注释】

①拂心：不顺心。②砥石：磨刀石。粗石为砺，细石为砥。《淮南子·说山》："厉利剑者必以柔砥。"③鸩毒：鸩是一种有毒的鸟，其羽毛有剧毒，泡入酒中可制成毒药，即古时候所谓的鸩酒。

【译文】

耳中常听一些不顺耳的话，心里常怀一些不顺心的事，这样才是修身养性、提高道行的磨砺方法；如果听到的句句话都顺耳，遇到的件件事都顺心，那么这一生就如同浸在毒药中一样。

静坐观心　真妄毕现

【原文】

夜深人静独坐观心[①]，始知妄[②]穷而真[③]独露，每于此中得大机趣；既觉真现而妄难逃，又于此中得大惭忸[④]。

【注释】

①观心：禅宗用语，指观察自己内心所映现的一切。②妄：非分、越轨。③真：真境脱离妄见所达到的涅槃境界。④惭忸：惭愧，不好意思。

【译文】

夜深人静之时，一个人坐下静观自己的内心深处，开始觉得私心杂念都没有了而流露出本性中的真，每当这个时候就从中领悟生命的真义；继而又发现真性只是一时的流露，杂念仍然无法消除，在这个时候又感到很惭愧。

自我审视　再现真心

【原文】

矜高倨傲[①]，无非客气[②]；降服得客气下，而后正气[③]伸。情欲意识[④]，尽属妄心[⑤]；消杀得妄心尽，而后真心[⑥]现。

【注释】

①矜高倨傲：矜高，自高自大。倨傲，态度傲慢。②客气：言行虚娇，并非出于至诚。③正气：刚正凛然之气。孟子说："吾善养吾浩然之气。"这种浩然之气就是正气。④意识：心理学名词，指精神觉醒状态，如知觉、记忆、想象等一切精神现象都是意识的内容，此处含有认识和想象等意。⑤妄心：虚幻不实的念头和欲望。妄，虚幻不实。⑥真心：指真实不变的心。据《辞海》注："按《楞伽经》以海水与波浪喻真妄二心：海水常住不变，是为真；波浪起伏无常，是为妄。众生之心，对境妄动，起灭无常，故皆是妄心。得金刚不坏之心，惟佛而已。"

【译文】

一个人之所以有心气高傲的现象，无非是利用一些虚假的言行来装腔作势；如果能够制伏这种浮夸的不良习气，心中的浩然之气就可以伸张出来。心中的七情六欲都是意念活动的妄想，如果能够消除这些胡思乱思的念头，真正的本心就会出现。

降伏内心　控制浮躁

【原文】

降魔[1]者先降自心，心伏则群魔退听[2]；驭[3]横者先驭此气[4]，气平则外横[5]不侵。

【注释】

①降魔：降伏恶魔。降，降服。魔，宗教或神话中专以迷惑人、害人性命的鬼怪。②退听：指听本心的命令。又当“不起作用”解。③驭：控制、统治的意思。④气：此处指情绪。⑤外横：意指那些外来纷乱的事物。

【译文】

要想降伏恶魔，首先须降伏自己内心的邪念，只有把自己内心的邪念先去除了，所有的恶魔才会消除；要想驾驭住悖礼违纪的事情，首先须控制自己浮躁的情绪，只有把自己的浮躁情绪控制住了，那些外来的悖乱事物才不会侵入。

谨于细微　不现过错

【原文】

肝受病则目不能视，肾受病则耳不能听。受病于人所不见，必发于人所共见，故君子欲无得罪于昭昭[1]，先无得罪于冥冥[2]。

【注释】

①昭昭：明亮、光亮，明显可见。《楚辞·九歌·云中君》：“灵连蜷兮既留，烂昭昭兮未央。”《庄子·达生》：“昭昭乎若揭，日月而行也。”②冥冥：阴暗，昏暗不明，此处引申为隐蔽场所。《诗·小雅·无将大车》：“无将大车，维尘冥冥。”

【译文】

肝脏有了疾病，那么就会表现出眼睛看不见的症状；肾脏发生毛病，那么就会表现出耳朵听不见的症状。病症发生在人看不见的地方，可表现出来的一定是人看得见的症状。所以正人君子要想在明处不表现出过错，就要先在不易察觉的细微之处不犯过错。

多心为祸　少事为福

【原文】

福莫福于少事①，祸莫祸于多心。惟苦事②者，方知少事之为福；惟平心③者，始知多心④之为祸。

【注释】

①少事：指没有烦心的琐事。②苦事：为事务所烦恼。苦，此处指烦恼，困扰。③平心：心平气和。④多心：这里指猜忌，疑神疑鬼。

【译文】

人生最大的幸福莫过于没有无谓的牵挂，而最大的灾祸莫过于多心猜忌。只有每天辛苦忙碌的人，才知道无事清闲的幸福；只有心平气和的人，才知道疑神疑鬼的祸害。

心体光明　暗室青天

【原文】

心体①光明，暗室中有青天；念头暗昧②，白日下有厉鬼。

【注释】

①心体：内心。②暗昧：阴暗。

【译文】

心中光明磊落，即使是在黑暗的地方，也如同在晴朗的天空下一样；心中邪恶不正，即使在青天白日下也像有恶鬼一样。

恶中有善　引人向善

【原文】

为恶而畏人知，恶中犹有善路①；为善而急人知，善处即是恶根②。

【注释】

①善路：向善之路，此为变好的可能。②恶根：罪恶的根源。

【译文】

那些做了坏事但是怕人知道的人，虽然是作恶，但还留有一丝改过

向善的良知；那些做了好事却急于宣扬的人，他们做善事的同时却留下邀功图名的伪善。

多病未羞　无病是忧

【原文】

泛驾之马[1]可就驰驱，跃冶之金[2]终归型范[3]；只一优游不振[4]，便终身无个进步。白沙[5]云：“为人多病[6]未足羞，一生无病是吾忧。”真确论也。

【注释】

①泛驾之马：性情暴躁，不受控制的马。泛驾，谓覆驾。《汉书·武帝纪》：“泛驾之马。”②跃冶之金：比喻不守本分而自命不凡的人。③型范：铸造用的模具。④优游不振：散漫而不奋发图强。⑤白沙：陈献章，明代学者，字公甫，广东新会人。隐居白沙里，世人称他为白沙先生。著有《白沙集》十二卷。⑥病：诟病。

【译文】

在原野上奔驰的野马经过人的驯养可以成为供人驾驭奔跑的好马，溅到熔炉外面的金属最终还是被人放在模具中熔铸成可用之物。而人如果落入游手好闲、不思振作的地步，那么就永远不会有什么出息。所以白沙先生说：“一个人有很多毛病并不是可耻的事，而一生都看不到自己毛病的人才是最令人担忧的。”这真是至理名言。

知人者智　自知者明

【原文】

听静夜之钟声，唤醒梦中之梦；观澄潭[1]之月影，窥见身外之身。

【注释】

①澄潭：清澈的水潭。

【译文】

细听夜阑人静时从远处传来的钟声，可以把我们从人生的梦境中唤醒；静看清澈的潭水中倒映的月影，可以发现真正的自我本性。

持身勿轻 用意勿重

【原文】

士君子持身不可轻，轻则物能挠[1]我，而无悠闲镇定之趣；用意不可重，重则我为物泥[2]，而无潇洒活泼之机。

【注释】

①挠：阻碍，困扰。②泥：拘泥。

【译文】

一个有修养的正人君子要善于把握自己，修养言行不可轻率躁进，轻率躁进就容易受到外物困扰，从而失去悠闲宁静的情趣；而用心不能够太执着，太执着就会使自己受到外物的约束，从而失去活泼洒脱的生机。

气度高旷 自省慎独

【原文】

气象[1]要高旷，而不可疏狂[2]；心思要缜密，而不可琐屑[3]；趣味要冲淡[4]，而不可偏枯；操守要严明，而不可激烈。

【注释】

①气象：这里指人的气度。②疏狂：狂放不羁。③琐屑：琐碎。④冲淡：平和淡泊。

【译文】

一个人的气度要高远旷达，但是不能太粗疏狂放；思维要细致周密，但是不能太杂乱琐碎；趣味要高雅清淡，但是不能太单调枯燥；节操要严正光明，但是不要太偏执刚烈。

自知自戒 胜私制欲

【原文】

胜私制欲[1]之功，有曰识不早力不易[2]者，有曰识得破忍不过者。盖识是一颗照魔的明珠，力是一把斩魔的慧剑，两不可少也。

【注释】

①胜私制欲：战胜、克制自己的私欲。②力不易：意志不坚定。

【译文】

对于战胜自己的私心、克制自己欲念的功夫，有的人说是没有坚强的意志力，因此无法克服；有的人说是能够看破欲念的害处，却又拒绝不了它的诱惑。而智慧则是一颗可以照出邪魔的明珠，坚强的意志力是一把能斩除邪魔的利剑，要想克制自己的欲念，智慧和意志力两者缺一不可。

喜怒不愆　好恶有则

【原文】

吾身一小天地也，使喜怒不愆[①]，好恶有则，便是燮理[②]的功夫；天地一大父母也，使民无怨咨[③]，物无氛疹[④]，亦是敦睦的气象。

【注释】

①愆（qiān）：过失、错误。《尚书·伊训》：“惟兹三风十愆，卿士有一于身，家必丧。”②燮（xiè）理：调和。③怨咨：怨恨。④氛疹：泛指各种疾，恶气。《左传·襄公二十七年》：“楚氛甚恶。”

【译文】

我们的身体就是一个小世界，如果能做到使高兴和快乐都不逾越规矩，使自己的好恶遵守一定的准则，这就是做人的一种调和的功夫；大自然就像是人类的父母，如果能让每个人没有怨恨和叹息，万事万物没有灾害，便能够呈现一片祥和太平的景象。

戒疏于虑　警伤于察

【原文】

害人之心不可有，防人之心不可无，此戒疏于虑[①]也。宁受人之欺，勿逆人之诈，此警伤于察[②]也。二语并存，精明而浑厚矣。

【注释】

①疏于虑：疏于防备。②伤于察：过于警觉。伤，过度。

【译文】

不可存有害人的念头，也不可没有防人的心思，这是用来告诫那些思虑不周的人。宁可受到别人的欺负，也不预料别人的狡诈之心，这是用

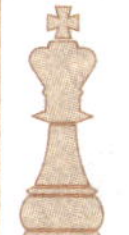

来警惕那些过分小心提防的人。能够做到这两点，便能够思虑精明且心地浑厚了。

恶隐祸深　善显功小

【原文】

恶[1]忌阴[2]，善忌阳[3]，故恶之显者祸浅，而隐者祸深；善之显者功小，而隐者功大。

【注释】

①恶：做坏事。②阴：遮蔽，掩盖。③阳：暴露，张扬。

【译文】

做了坏事最忌讳认识不到自己的过错反而拼命遮掩，做好事忌讳为了显示自己的功劳而到处宣扬。所以显而易见的坏事所造成的灾祸较小，不为人知的坏事所造成的灾祸较大；显而易见的善事所积的功德较小，不为人知的善事所积的功德较大。

冷眼观物　轻动刚肠

【原文】

君子宜净拭冷眼[1]，慎勿轻动刚肠[2]。

【注释】

①冷眼：冷静的观察力。②刚肠：刚正的心肠。

【译文】

一个有才学品德的君子，要以冷静的态度来面对事物，要小心从事，不要轻易地表露自己刚直的心肠。

外观桎梏　内查机械

【原文】

一灯萤然[1]，万籁无声，此吾人初入宴寂[2]时也；晓梦初醒，群动未起，此吾人初出混沌处也。乘此而一念回光，炯然返照。始知耳目口鼻皆桎梏，而情欲嗜好悉机械矣。

【注释】

①萤然：形容灯光微弱得像萤火光的闪烁一般。②宴寂：安闲寂静。宴，通“晏”。

【译文】

在微弱夜灯中，大地无声，万籁俱寂，这是我们身心刚刚进入休息时；清晨夜梦过后才醒，万物还没有开始一天的活动，这是我们刚从朦胧的梦境中走出来。趁着这刚休息和刚睡醒的一刹那，好像有一线灵光闪烁在我们脑海里，这时我们的内心会突然有所醒悟，才知道耳、目、口、鼻都是束缚我们心智的桎梏，而情欲嗜好也全是堕落我们心灵的机械。

律己要严　待人宜宽

【原文】

人之过误宜恕，而在己则不可恕；己之困辱[1]宜忍，而在人则不可忍。

【注释】

①困辱：困窘，屈辱。

【译文】

对于别人的过失应该采取宽恕的态度，而如果错误在自己，那么就不能宽恕；自己遇到困境和屈辱应当尽量忍受，如果困境和屈辱在别人身上，就不能置之不问。

为奇不异　求清不激

【原文】

能脱俗便是奇，作意[1]尚奇者，不为奇而为异；不合污便是清，绝俗求清者，不为清而为激。

【注释】

①作意：故意，刻意。

【译文】

能够超凡脱俗的人是奇人，如果刻意去标新立异，就不是奇人而是癫狂的人了；不同流合污就是高洁的人，如果以与世人断绝往来去标榜自己的高洁，那就不是高洁而是偏激。

不听谗言　不掩己过

【原文】

宁为小人所忌毁[1]，毋为小人所媚悦；宁为君子所责备，毋为君子所包容。

【注释】

①忌毁：忌妒，诋毁。

【译文】

宁可被小人忌恨诽谤，也不要被小人之取宠献媚所迷惑；宁可被君子责备，也不要被君子原谅和宽容。

末路晚年　精神百倍

【原文】

日既暮而犹烟霞[1]绚烂，岁将晚而更橙橘芳馨。故末路晚年，君子更宜精神百倍。

【注释】

①烟霞：云霞，晚霞。

【译文】

在夕阳西下时，天空出现的晚霞放射出灿烂的光彩，绚丽夺目；在晚秋季节时，橙橘正结出芬芳金黄的果实。所以到了晚年的时候，一个有德行的君子更应该精神百倍地生活。

喜忧安危　勿介于心

【原文】

毋忧拂意，毋喜快心，毋恃久安，毋惮[1]初难。

【注释】

①惮（dàn）：害怕。

【译文】

对于不合意的事不要感到忧心忡忡，对于让人高兴的事不要欣喜若狂，对长久的安定不要过于依赖，对开始遇到的困难不要畏惧害怕。

冷静处事 逍遥而游

【原文】

冷眼观人，冷耳听语，冷情当感[①]，冷心思理。

【注释】

①当感：承当感受。

【译文】

冷静地观察他人，冷静地听他人说话，冷静地感受事物，冷静地进行思考。

长不欺短 富不凌贫

【原文】

天贤[①]一人，以诲众人之愚，而世反逞所长，以形人之短；天富一人，以济众人之困，而世反挟所有，以凌人之贫。真天之戮民[②]哉！

【注释】

①贤：动词，使……贤。②戮民：残害生灵，此引申为罪人。

【译文】

上天给予一个人聪明才智，是要让他来教诲众人的愚昧，没想到世间的一些聪明人却卖弄自己的才华，以暴露别人的短处；上天给予一个人财富，是让他帮助众人解除困难，没想到世间的有钱人却依仗自己的财富来欺凌贫穷的人。这两种人真是上天的罪人。

责人情平 责己德进

【原文】

责人者，原[①]无过于有过之中，则情平；责者，求有过于无过之内，则德进。

【注释】

①原：原谅，宽恕。

【译文】

对待别人应该宽容，原谅别人的过失，把有过错当作无过错，这样

相处就能平心静气；对待自己应该严格，在自己没有过错时要能找到自己的缺点，这样品德就会不断增进。

闲时吃紧　忙时悠闲

【原文】

天地寂然不动，而气机[1]无息少停；日月昼夜奔驰，而贞明[2]万古不易。故君子闲时要有吃紧[3]的心思，忙处要有悠闲的趣味。

【注释】

①气机：气是天地阴阳之气，而机泛指宇宙的运动，气机就是天地运转。②贞明：日月永恒不变的光辉。③吃紧：事情紧急之时，犹言感到急迫。

【译文】

天地看起来好像很安宁，没有什么变动，其实充盈在里面的阴阳之气时时在运动，没有一刻停歇；太阳和月亮白天黑夜不停地运转，但它的光明自古以来没有改变。所以君子在闲散时要有紧迫感，在忙碌时要有悠闲的情趣。

常思常想　灵活变通

【原文】

寒灯无焰，敝裘无温，总是播弄光景；身如槁木，心似死灰，不免堕在顽空[1]。

【注释】

①顽空：冥顽虚空。

【译文】

微弱的灯火已经失去光焰，破旧的棉衣已经不能保暖，这是造化在玩弄世人；身子像干枯的树木，心灵像燃透的灰烬，这样的人不免陷入冥顽之中。

忙不乱性　死不动心

【原文】

忙处不乱性[1]，须闲处心神养得清；死时不动心，须生时事物看得破。

【注释】

①乱性：迷乱本性。

【译文】

要做到忙碌的时候心性不乱，必须在清闲的时候就培养清醒敏捷的头脑；要想在死亡面前不感到畏惧，必须在平时就对人生悟得透彻。

出世心态　淡然生活

【原文】

出世之道，即在涉世中，不必绝人以逃世；了心[1]之功，即在尽心内，不必绝欲以灰心。

【注释】

①了心：了悟心性。

【译文】

超凡脱俗的方法，就应该在尘世中寻找，不必刻意隔绝世人远遁山林；了悟本心的功夫，就在尽心尽力中去体会，不一定要断绝欲念，使心如死灰。

富贵知贫　少壮念老

【原文】

处富贵之地，要知贫贱的痛痒；当少壮之时，须念[1]衰老的辛酸。

【注释】

①念：预想。

【译文】

生活在富贵的环境中，要知道贫穷困苦人家的艰难；年轻力壮时，要念及年老力衰后的悲哀。

闹中取静　冷处热心

【原文】

热闹中着一冷眼，便省许多苦心思；冷落处存一热心[1]，便得许多真趣味。

【注释】

①热心：积极乐观的心态。

【译文】

在极为热闹喧嚣的场合，如果能用冷静的眼光观察外物，便可省去许多令人烦恼的事情；在失意落寞的时候，如果能有奋发向上的决心，那就可以得到许多人生真正的乐趣。

少时思老　荣时思枯

【原文】

自老视少，可以消奔驰角逐之心；自瘁[1]视荣，可以绝纷华靡丽之念。

【注释】

①瘁：身体过度劳累，引申为衰败。

【译文】

以老年时的眼光来看待少年时的行为，就可以消除很多追名逐利的心理；从衰败时的情形来看繁盛时的景象，可以断绝很多追求荣华富贵的念头。

一念不生　真境自现

【原文】

人心多从动处失真，若一念不生，澄然静坐，云兴而悠然共逝，雨滴而泠然[1]俱清，鸟啼而欣然有会，花落而潇然自得。何地非真境，何物无真机？

【注释】

①泠（líng）然：形容清凉。

【译文】

人多在内心浮躁的时候失去自然的本性，如果能不产生一点杂念，心灵明澈，随着飘过的云朵一起消逝在天边，就着清冷的雨滴洗净心中的尘埃，从鸟鸣声中领会自然的奥妙，随落花缤纷潇洒自得，那么何处不是人间的仙境？何处不蕴含着自然的机趣？

放下我执　少些烦恼

【原文】

世人只缘认得我字太真[1]，故多种种嗜好，种种烦恼。前人云："不复知有我，安知物为贵？"又云："知身不是我，烦恼更何侵？"真破的之言[2]也。

【注释】

①太真：太重。②破的之言：切中要害的言论。的，靶心。

【译文】

世上的人因为把"我"字看得太重，所以才会有那么多的嗜好和那么多的苦恼。古人说："如果已经不再知道我的存在，又怎么会知道东西是否贵重？"又说："如果知道自身并不属于自己所有，那么烦恼又怎能侵害我呢？"这真是一语中的。

舍得舍得　有舍有得

【原文】

才就筏便思舍筏，方是无事道人[1]；若骑驴又复觅驴，终为不了禅师[2]。

【注释】

①无事道人：不为外物所羁绊的得道之人。②不了禅师：未曾了悟的禅师。

【译文】

才登上竹筏就想到上岸后要舍弃这竹筏，这才是懂得不受外物羁绊的得道之人；如果已经骑在驴上却还想着找另外一头驴，便永远也无法成了却尘缘的高僧。

人生福祸　皆因念生

【原文】

人生福境祸区，皆念想造成。故释氏[1]云："利欲炽然即是火坑，贪爱沉溺便为苦海。一念清净，烈焰成池；一念警觉，航登彼岸[2]。"念头稍异，境界顿殊，可不慎哉！

【注释】

①释氏：释迦牟尼的俗称。②彼岸：佛教中与现实世界相对的世界。

【译文】

人生幸福的境遇和祸患的局面，都是由欲念所造成的。所以释迦牟尼说："对名利的欲望太过炽热，就会踏入火坑，过度沉沦在贪嗔爱恋里就会掉入苦海。而一个清净的念头可使火坑变成水池，一个觉醒的念头可以脱离苦海到达彼岸。"念头稍微不同，那么所得到的境界就大不一样，不能够不谨慎啊！

根蒂在手　不受提掇

【原文】

人生原是一傀儡[1]，只要根蒂在手，一线不乱，卷舒自由，行止在我，一毫不受他人提掇，便超出此场中矣！

【注释】

①傀（kuǐ）儡（lěi）：指木偶戏中的木人。

【译文】

人生本来就像一场木偶戏，只要自己掌握了牵动木偶的线索，任何丝线也不紊乱，收放自由，行动或停止由自己掌握，一点都不受他人牵制和左右，那么就算是跳出这个游戏场了。

观心增障　齐物剖同

【原文】

心无其心，何有于观。释氏曰："观心者，重增其障。物本一物，何待于齐？"庄生[1]曰："齐物[2]者，自剖其同。"

【注释】

①庄生：先秦思想家庄周。②齐物：消除事物的界限，使物我合一。

【译文】

人心如果不生出私心杂念，何必要去观心呢？佛家说："观心反而是增加修持的障碍。天地间的万物原本是一体的，何必等待人去划一？"庄子说："物我齐一，是把本属同一体的东西分开了。"

宁默毋躁　宁拙毋巧

【原文】

十语九中，未必称奇，一语不中，则愆尤[①]骈[②]集；十谋九成，未必归功，一谋不成，则訾议[③]丛兴。君子所以宁默毋躁，宁拙毋巧。

【注释】

①愆（qiān）尤：指责归咎的意思。愆，过失。尤，责怪。李白诗：“功成身不退，自古多愆尤。”②骈：并，一起。《管子·四称》：“出则党骈。”③訾议：非议、责难的意思。訾，诋毁。

【译文】

十句话有九次都说得很正确，人们也不会称赞你，但如果有一句话说得不正确，那么就会受到众多的指责；十个谋略有九次成功，人们不一定会赞赏你的成功，但如果有一次谋略失败，那么批评的话就纷至沓来。这就是君子宁可保持沉默也不浮躁多言，宁可显得笨拙也不自作聪明的缘故。

了心悟性　俗即是僧

【原文】

缠脱只在自心，心了则屠肆糟廛[①]，居然净土。不然，纵一琴一鹤，一花一卉，嗜好虽清，魔障终在。语云：“能休尘境为真境，未了僧家是俗家。”信夫。

【注释】

①屠肆糟廛（chán）：形容不洁净的场所。屠肆，屠宰场。糟廛，酿酒场。

【译文】

是被羁绊还是能够解脱，完全看自己的内心，如果内心能够了悟，那么屠宰场酒肆也会变成极乐净土。如果内心不能了悟，即使是携一琴、带一鹤自娱，种一花、养一草自乐，爱好虽然高雅，但被羁绊的魔障仍旧存在。俗话说：“能够摆脱尘世才能进入真正的境界，不能悟道的僧人和凡人没有两样。”说得真对啊！

造化人心 混合无间

【原文】

当雪夜月天，心境便尔澄澈；遇春风和气，意界亦自冲融。造化[1]人心，混合无间。

【注释】

①造化：大自然。

【译文】

每当在飞雪的夜晚或者明月当空的时候，心境就会非常清澈明净；每当春风吹拂气候温暖的时候，意境也会自然通透。天地造化和人心的感受，联系在一起没有什么分别。

该忙时忙 该休时休

【原文】

人肯当下休，便当下了。若要寻个歇处[1]，则婚嫁虽完，事亦不少；僧道虽好，心亦不了。前人云："如今休去便休去，若觅了时无了时。"见之卓[2]矣。

【注释】

①歇处：停歇的地方，这里指好时机。②卓：高明。

【译文】

人在可以停歇下来的时候，就应该及时停歇，不必等到万事俱备。如果一定要寻找一个好时机，那就像人们婚礼虽然完成了，结婚后不免又生出很多事。出家的和尚和道士虽然暂时获得清静，可是他们也未必能了却心中的一切欲望。古人说："现在能够罢休就赶快罢休，如果去寻找一个可以完结的时候便永远无法罢休。"真是远见卓识啊。

乐极生悲 苦尽甘来

【原文】

世人以心肯[1]处为乐，欲被乐心引在苦处；达士以心拂处为乐，终为苦心换得乐来。

【注释】

①心肯：心中的欲望得到满足。

【译文】

世人以心中的欲望得到满足为快乐，却被快乐引诱到痛苦中；通达的人以能够经受不如意的事为快乐，最后用自己的一片苦心换得了真正的快乐。

纷纷扰扰　随常以待

【原文】

天地中万物，人伦中万情[1]，世界中万事，以俗眼观，纷纷各异；以道眼观，种种是常。何须分别，何须取舍？

【注释】

①万情：世间各色人等。

【译文】

天地间各种事物，人际中各种感情，世界上各种事情，用凡俗的眼光看待，各有各的不同；用超越世俗的眼光看待，样样都属平常。有什么必要去区别，有什么必要去取舍呢？

人我一视　动静两忘

【原文】

喜寂厌喧者，往往避人以求静，不知意在无人便成我相，心著于静便是动根[1]，如何到得人我一视，动静两忘的境界？

【注释】

①动根：骚动的根源。

【译文】

喜欢寂静而厌恶喧嚣的人，往往逃避人群以求得安宁，却不知道故意离开人群便是执着于自我，刻意去求宁静实际是骚动的根源，怎么能够达到将自我与他人一同看待、将宁静与喧嚣一起忘记的境界呢？

不计妍丑　不争雌雄

【原文】

优人[①]傅粉调朱，效妍丑于毫端，俄而歌残场罢，妍丑何存？弈者争先竞后，较雌雄于著子，俄而局尽子收，雌雄安在？

【注释】

①优人：优伶，旧时对艺人的称谓。

【译文】

演戏的伶人涂抹胭脂口红，用彩笔来再现美丽和丑陋，很快歌舞结束、好戏散场，那些美丽和丑陋哪里还会存在？下棋的人争先恐后，通过下棋比个你高我低，一会儿棋局结束收起棋子，刚才的胜负又在哪里呢？

就身了身　以物付物

【原文】

就一身了一身[①]者，方能以万物付万物；还天下于天下者，方能出世间于世间[②]。

【注释】

①一身了一身：佛教思想。佛教认为，众生历经六道轮回，流转不息，如按佛法证悟，则可免除轮回之苦。②出世间于世间：佛教用语，指俗世之中悟出世之法。世间，即欲界。

【译文】

能够通过自身了悟自身的人，才能使万物顺其自然，各尽其用；能够将天下交还给天下的人，才能从世间俗境中超脱出来。

登高心旷　临流意远

【原文】

登高使人心旷，临流使人意远；读书于雨雪之夜，使人神清；舒啸[①]于丘阜[②]之巅，使人兴迈[③]。

【注释】

①舒啸：舒是伸展，啸是吹而发声，舒啸是发出心中闷气。②丘阜：小山冈。③迈：奋发，豪爽。

【译文】

登上高山放眼远望，就会使人感到心胸开阔；面对流水凝思，就会让人感到悠远。在雨雪之夜读书，就会使人感到心旷神怡；爬上小山朗声而啸，就会使人感到意气豪爽。

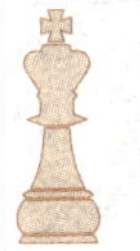

第三章　达观处变——宽心篇

达不足喜　穷不足忧

【原文】

多藏者厚亡①，故知富不如贫之无虑；高步者疾颠②，故知贵不如贱之常安。

【注释】

①厚亡：看重失去财物。②疾颠：害怕丢官失势。

【译文】

财富聚集得太多的人，失去时损失也大，由此可见，富有的人还不如贫穷的人过得无忧无虑；地位爬得越高的人，摔得也会越惨，由此可见，地位高的人还不如卑贱的人过得平安。

处患不忧　心系苍生

【原文】

君子处患难而不忧，当宴游①而惕虑②；遇权豪而不惧，对茕独③而惊心。

【注释】

①宴游：悠闲地游乐。宴，安闲。②惕虑：警惕。③茕（qióng）独：年老而无助的人。茕，没有兄弟之人。独，没有子孙的老人。

【译文】

有能力和德行的君子哪怕身处困难的环境也不会忧虑，而在安闲游乐时却知道警惕；遇到有权势或蛮横的人并不害怕，而对那些年老无助的人却很同情。

心宜旷达　切忌狭隘

【原文】

心旷，则万钟①如瓦缶；心隘②，则一发似车轮。

【注释】

①万钟：形容极多，极贵重。钟，古代的一种量器。②心隘：心胸狭隘。

【译文】

心胸宽阔，就会将巨额的财富看成瓦罐一样不值钱；心胸狭隘，那么一根头发也会看得像车轮一样重要。

盛衰无常　强弱安在

【原文】

狐眠败砌，兔走荒台，尽是当年歌舞之地；露冷黄花[1]，烟迷衰草，悉属旧时争战之场。盛衰何常？强弱安在？念此，令人心灰！

【注释】

①黄花：凋谢枯萎的花。

【译文】

狐狸做窝的残垣断壁，野兔出没的荒废楼台，这些都是当年歌舞升平的地方；清冷露珠洒满野外，烟笼雾绕枯草丛丛，这里曾是古代逐鹿争斗的场所。兴盛和衰败哪里会长久不变？强弱胜负又哪里会长久呢？想到这些不禁令人心灰意冷！

宠辱不惊　去留无意

【原文】

宠辱不惊，闲看庭前花开花落；去留无意，漫随[1]天外云卷云舒。

【注释】

①漫随：随意。

【译文】

无论是光荣或者屈辱都不会在意，只是悠闲地欣赏庭院中花草的盛开和衰落；无论是晋升还是贬职都不在意，只是随意观看天上浮云自如地舒卷。

从冷视热　从冗入闲

【原文】

从冷[1]视热[2]，然后知热处之奔驰无益；从冗入闲，然后觉闲中之

滋味最长。

【注释】

①冷：清冷。②热：这里指名利权势。

【译文】

从热闹的名利声中退出后再来看名利场，才知道热衷于争名夺利最没有意思；从忙碌的生活转到安闲的生活，才知道安闲的人生趣味最长久。

荣辱皆忘　冷暖自知

【原文】

隐逸林中无荣辱，道义路上无炎凉。

【译文】

对于在山林隐居的士人来说，人生的荣耀与耻辱都可以完全忘掉；对于追求道义的人来说，世间所谓的人情冷暖、世态炎凉都不必去考虑。

生死成败　任其自然

【原文】

知成之必败，则求成之心不必太坚[①]；知生之必死，则保生之道不必过劳。

【注释】

①坚：坚定，引申为执着。

【译文】

如果知道有成功就一定有失败，那么也许求取成功的意志就不会那么坚决；如果知道有生就会有死，那么养生之道就不必过于用心良苦。

随人接引　随事警惕

【原文】

道是一重公众物事，当随人而接引[①]；学是一个寻常家饭，当随事而警惕。

【注释】

①接引：引导。

【译文】

真理是一件大家都可以去追求和探索的事情，应该根据个人的性情来加以引导；做学问就像平常所吃的家常便饭一样，应该随着事情的变化而有所戒备和警惕。

前念不滞　后念不迎

【原文】

今人专求无念，而终不可无。只是前念不滞[1]，后念不迎，但将现在的随缘打发得去，自然渐渐入无。

【注释】

①滞：滞留，停留。

【译文】

今天的人一心想要心无杂念，但终究也没有办法达到完全没有杂念的地步。只要先前的杂念不存在心中，对于未来的杂念不会生起，只将现有的杂念随着机缘打发掉，自然能渐渐达到无杂念的境界。

看透生死　悠然自得

【原文】

试思未生之前有何像貌，又思既死之后有何景色，则万念灰冷，一性寂然[1]，自可超物外而游象先。

【注释】

①一性寂然：心性单纯宁静。

【译文】

试着想一下在没有出生之前哪里有什么相貌，又想想死了之后还有什么形象，那么原先所有的念头便会冷却消失，内心也会寂静，现出本性，自然可以超然物外，悠游于形体之外。

身心自如　融通自在

【原文】

身如不系之舟，一任流行坎止；心似既灰之木，何妨刀割香涂[1]。

【注释】

①刀割香涂：被刀砍和被香涂，比喻成败毁誉。

【译文】

身体要像没有系上缆绳的小船，任凭船儿漂流或者静止；心地要像已经烧成灰的树木，不怕刀砍或者涂香，丝毫不觉痛痒。

从容放下　自由畅快

【原文】

笙歌正浓处，便自拂衣长往[1]，羡达人撒手悬崖[2]；更漏已残时，犹然夜行不休，笑俗士沉身苦海。

【注释】

①拂衣长往：拂衣离去。长往，一去不退。②撒手悬崖：在悬崖边放手，形容毫无顾忌。

【译文】

歌舞娱乐兴味正浓的时候，便毫不留恋地拂衣离去，真羡慕这些心胸豁达的人能够临悬崖而放手；在夜深漏残时，还有人在不停地奔走忙碌，这些凡俗的人在苦海中挣扎真是可笑。

孤云出岫　朗镜悬空

【原文】

孤云出岫[1]，去留一无所系；朗镜悬空，静躁两不相干。

【注释】

①岫（xiù）：山洞，山谷。

【译文】

一朵孤云从山谷中飘出来，毫无牵挂地在天空飘荡；一轮明月像镜子一样悬挂在天空，世间的安静或喧闹和它毫无关系。

心胸豁达　随遇而安

【原文】

机息时，便有月到风来，不必苦海人世；心远处，自无车尘马迹，何须痼疾[1]丘山。

【注释】

①痼疾：原指久治不愈的病，这里引申为迷惑而不能自拔。

【译文】

内心的各种念头消失后，自然会感受到朗月清风缓缓而来，不会再将人生看成是苦海；心胸豁达时，自然不会有车马喧嚣的感觉，哪还需要找个僻静的山林？

热不必除　穷不可遣

【原文】

热不必除，而除此热恼[1]，身常在清凉台上；穷不可遣，而遣此穷愁，心常居安乐窝中。

【注释】

①热恼：暑热造成的烦恼。

【译文】

不一定要除去暑热本身，如果要去除暑热带来的烦恼，只要保持清凉的心境即可；穷困不一定要用什么特殊的方法改变，要排除穷困带来的忧愁，只要保持安乐的心境即可。

人情世态　平常看待

【原文】

人情世态，倏忽万端，不宜认得太真。尧夫[1]云：“昔日所云我，而今却是伊。不知今日我，又属后来谁。”人常作如是观，便可解却胸中罥矣。

【注释】

①尧夫：北宋理学家邵雍的字。

【译文】

人世间的冷暖炎凉，瞬息就会发生变化，不必看得那么认真。邵尧夫先生说："昨天所说的我，在今天已经变成他。不知道今天的我，明天又变成谁。"人们常作这样的思考，就可以解开心中许多牵挂。

福祸无常　泰然处之

【原文】

子生而母危，镪积①而盗窥②，何喜非忧也？贫可以节用，病可以保身，何忧非喜也？故达人当顺逆一视，而欣戚③两忘。

【注释】

①镪（qiǎng）积：积累财富。镪，成串的钱。②盗窥：偷看。③欣戚：高兴和悲伤。

【译文】

孩子出生时母亲面临着生命危险，财富积累多了就会招致盗贼窥视，怎能说这是喜而不是忧呢？贫穷可以使人养成节俭的性格，患病可以使人注意养生，如何说这是忧虑不是喜事呢？所以通达的人应将顺境和逆境同样看待，将高兴和忧愁同时忘掉。

过而不留　物我两忘

【原文】

耳根似飙谷①投响，过而不留，则是非俱谢；心境如月池浸色，空而不着，则物我两忘。

【注释】

①飙谷：大风吹刮山谷。

【译文】

耳朵听到的就像狂风吹过山谷造成巨响，过后却什么也没有留下，那么人间的是是非非都会消失；内心的境界就像月光照映在水中，空空如也不着痕迹，那么就能做到物我两相忘怀。

顺应天性　乐观生活

【原文】

世人为荣利缠缚，动曰："尘世苦海。"不知云白山青，川行石立，花迎鸟笑，谷答樵讴[①]，世亦不尘，海亦不苦，彼自尘苦[②]其心尔。

【注释】

①谷答樵讴：樵夫唱歌，山谷回应。②尘苦：凡尘苦海。

【译文】

世上的人因为被荣华富贵等名利所束缚，所以动不动就说："人世是一个苦海。"却不知道白云映照着青山，流水不断，涧石林立，鲜花伴着鸟儿鸣唱，山谷应答着樵夫高歌，都是人间胜景。人世间并非是凡俗之地，人生也不都是苦海，那些说人生是苦海的人不过是自己落入凡俗和苦海罢了。

心闲日长　意广天宽

【原文】

延促[①]由于一念，宽窄系之寸心。故机闲者，一日遥于千古，意广[②]者，斗室宽若两间。

【注释】

①延促：指时间长短。延，长。促，短。②意广：胸襟开阔。

【译文】

漫长和短促是由于主观感受，宽和窄是由于心理体验。所以对心灵闲适的人来说一天比千古还长，对胸襟开阔的人来说一间斗室也无比宽广。

身在事中　心超事外

【原文】

波浪兼天[①]，舟中不知惧，而舟外者寒心；猖狂骂坐，席上不知警，而席外者咋舌[②]。故君子身虽在事中，心要超事外也。

【注释】

①兼天：吞天，形容波浪声势浩大。②咋舌：形容因为吃惊而说不出话。咋，咬住。

【译文】

波涛滚滚，巨浪滔天，坐在船上的人不知道害怕，而在船外的人却感到十分恐惧；席间有人猖狂谩骂，席中的人不知道惊恐，而席外的人却感到震惊。所以有德行的君子即使身陷事中，也要将心灵超然于事外才能保持清醒。

满腔和气　随地春风

【原文】

天运[1]之寒暑易避，人生之炎凉难除；人世之炎凉易除，吾心之冰炭难去。去得此中之冰炭，则满腔皆和气，自随地有春风矣。

【注释】

①天运：天体的运转。

【译文】

天地运行所形成的寒冷和暑热容易避免，人世间的人情冷暖、世态炎凉却难以消除；人世间的人情冷暖、世态炎凉即使容易消除，而我们心中水火不容的杂念也难以消除。如果能够去除心中的杂念，那么满腔都会充满祥和之气，随时随地都会有春风扑面的感觉。

从容处世　淡然观事

【原文】

饱谙[1]世味，一任覆雨翻云，总慵[2]开眼；会尽[3]人情，随教呼牛唤马，只是点头。

【注释】

①饱谙（ān）：非常熟悉。②慵（yōng）：懒。③会尽：透彻了解。

【译文】

饱尝人间酸甜苦辣的人，任由世间反复无常，却懒得睁开眼去注意一下；看透了世间的人情冷暖，即使被人呼牛唤马地吆喝，也只是一味点头而已。

得固不喜　失亦不忧

【原文】

以我转物[1]者，得固不喜，失亦不忧，大地尽属逍遥；以物役我[2]者，逆固生憎，顺亦生爱，一毫便生缠缚。

【注释】

①以我转物：以我为中心推动事物。②以物役我：以物为中心制约自己。

【译文】

由我来把握和主宰事物，那么得到也不会欣喜，失去也没有忧愁，这样感觉到整个人生都逍遥自在；让事物来控制奴役我，那么不顺利时会恼恨，顺利时又会心生喜爱，一点微小的事就能把自己束缚住。

看得圆满　放得宽平

【原文】

此心常看得圆满，天下自无缺陷之世界；此心常放得宽平，天下自无险侧[1]之人情。

【注释】

①险侧：险恶不正。

【译文】

如果自己内心平易圆满，那么世界就会是一个没有缺陷的世界；如果自己内心宽大公正，那么世界也会是一个没有阴险诡计的世界。

第四章　明心识人——交友篇

侠心交友　素心做人

【原文】

交友须带三分侠气①，做人要存一点素心②。

【注释】

①侠气：指拔刀相助的侠义精神。②素心：心地朴素之意。素本来是指未经染色的纯白细绢。此处引申为纯洁，也就是通常所说的赤子之心。据陶渊明《归田园居》诗："素心正如此，开径望三益。"

【译文】

交朋友要有几分侠肝义胆的气概，为人处世要保存一种赤子的情怀。

不恶小人　有礼君子

【原文】

待小人①不难于严，而难于不恶②；待君子不难于恭，而难于有礼③。

【注释】

①小人：泛指一般无知的人，此处含品行不端的坏人的意思。②恶：憎恨，厌恶。③礼：儒家倡导的道德规范。

【译文】

对待心术不正的小人，要做到对他们严厉苛刻并不难，难的是不去憎恶他们；对待品德高尚的君子，要做到对他们恭敬并不难，难的是遵守适当的礼节。

善人和气　凶人杀气

【原文】

善人①无论作用安详②，即梦寐神魂③，无非和气；凶人无论行事狠戾④，即声音笑语⑤，浑是杀机⑥。

【注释】

①善人：心地善良的人。②作用安详：言行从容不迫。作用，即作为，行为。③梦寐神魂：指睡梦中的神情。④狠戾（lì）：指性情凶狠暴戾。⑤声音笑语：指言谈说笑。⑥杀机：指肃杀恐怖。

【译文】

心地善良的人不要说其言行都很安详，即使是睡梦中的神情，也都洋溢着祥和之气；凶狠的人不要说其为人处世凶狠狡诈，即使是在谈笑之中，也一样充满了肃杀恐怖。

忘功念过　忘怨念恩

【原文】

我有功[1]于人不可念，而过[2]则不可不念；人有恩于我不可忘，而怨则不可不忘。

【注释】

①功：功劳，此处引申为恩惠。②过：过错，此处泛指对不起他人的事。

【译文】

当我对别人有恩惠的时候，不应该总是记挂在心中；而当我做了对不住别人的事，则应当时时反省。别人对我有恩惠，不能够不牢记在心中；而别人对我有过失，则应当及时忘掉。

热心之人　其福亦厚

【原文】

天地之气，暖则生，寒则杀[1]。故性气清冷[2]者，受享[3]亦凉薄。惟和气热心之人，其福亦厚，其泽[4]亦长。

【注释】

①杀：衰退，残败。黄巢《不第后赋菊》诗："待到秋来九月八，我花开后百花杀。"②性气清冷：比喻心气孤傲冷漠。性气，性情、心气。清冷，清高冷漠。③受享：所享的福分。④泽：恩泽、恩惠。《史记·西门豹传》："故西门豹为邺令，名闻天下，泽流后世。"

【译文】

自然界的气候规律是，气候温暖的时候就会催发万物生长，气候寒

冷的时候就会使万物萧条沉寂。所以一个人如果心气孤傲冷漠，只会受到同样冷漠的回报。只有那些充满生命热情而又乐于助人的人，他所得到的回报才会丰厚，福祉也才会绵长久远。

毋形人短　毋忌人能

【原文】

毋偏信而为奸所欺，毋自任[①]而为气所使；毋以己之长而形人之短[②]，毋因己之拙而忌人之能。

【注释】

①自任：放任自己。②形人之短：比照别人的短处。

【译文】

不要盲目相信某一方面的言辞而被那些奸邪的小人所欺骗，也不要自以为绝对正确而被一时的意气所驱使；不要用自己的长处来比较他人的短处，不要因自己的笨拙而嫉妒他人的才能。

弥人之短　诲人之顽

【原文】

人之短处，要曲[①]为弥缝[②]，如暴而扬之，是以短攻短；人有顽固，要善为化诲，如忿而疾之，是以顽济顽。

【注释】

①曲：婉转、含蓄。②弥缝：弥补、掩饰。

【译文】

对于他人的不足之处，要想办法为人家掩饰弥补，故意暴露宣扬，那就是用自己的毛病去攻击人家的毛病；对于别人的执拗，要善于诱导教诲劝解，因为他的固执而愤怒或讨厌他，不仅不能使他改变固执，还等于用自己的固执来强化别人的固执。

阴者勿交　傲者勿言

【原文】

遇沉沉[①]不语之士，且莫输心[②]；见悻悻[③]自好之人，应须防口。

【注释】

①沉沉：表情阴沉的样子。②输心：推心置腹。③悻悻：很有怒气的样子。《孟子·公孙丑》："悻悻然见于其面。"

【译文】

遇到表情阴沉不说话的人，暂时不要急着和他交心谈心；遇到高傲自大、愤愤不平的人，要谨慎自己的言谈。

故旧之交　意气愈新

【原文】

遇故旧之交，意气[1]要愈新；处隐微[2]之事，心迹宜愈显；待衰朽之人，恩礼当愈隆。

【注释】

①意气：气度。②隐微：隐私，机密。

【译文】

遇到过去的老朋友，情意要如同对待新知一样特别热烈真诚；处理某些隐秘细微的事情，态度要更加光明磊落；对待年老体弱的人，礼节应当更加恭敬周到。

交友识人　独具慧眼

【原文】

毋因群疑[1]而阻独见，毋任己意而废人言[2]，毋私小惠而伤大体，毋借公论以快私情。

【注释】

①群疑：众人的怀疑。②废人言：废弃他人的观点。

【译文】

不能因为大家都持怀疑的态度而影响自己独到的见解，不要固执己见而不重视别人的意见，不要因为贪恋小的私欲而影响大家的利益，不要借公众的舆论来满足自己个人的私欲。

亲善杜谗　除恶防祸

【原文】

善人未能急亲[①]，不宜颂扬，恐来谗谮[②]之奸；恶人未能轻去，不宜先发，恐遭媒孽[③]之祸。

【注释】

①急亲：急于亲近，交好。②谗谮：谗言，诬陷。③媒孽：挑拨是非。

【译文】

好人不能急着和他亲近，也不应当事先就去赞扬他的美德，为的是防止遭受奸邪小人的诽谤；坏人不能轻易除去，也不应当事先揭发他的罪行，为的是防止遭受报复和陷害之灾祸。

警言救人　无量功德

【原文】

士君子贫不能济物[①]者，遇人痴迷处出一言提醒之，遇人急难处出一言解救之，亦是无量功德[②]。

【注释】

①济物：施物于人。②无量功德：佛教用语，意指巨大的功劳、恩德。

【译文】

一个有学问、有节操的人，虽然贫穷无法用物质去接济他人，但当碰到别人为某件事执迷不悟时，能去指点他、提醒他，使他领悟；在别人危急困难时，能为他说几句公道的话，说几句安慰的话，使他摆脱困境，这也算是无量的功德。

着眼内在　悟其天机

【原文】

人情听莺啼则喜，闻蛙鸣则厌，见花则思培之，遇草则欲去之，俱是以形气用事；若以性天视之，何者非自鸣其天机，非自畅其生意[①]也。

【注释】

①生意：生命的意趣。

【译文】

一般人总是听到黄莺啼叫就高兴，听到蛙鸣就厌恶，看见花木就愿意栽培它，看见野草就想拔掉，这都是根据对象的外形气质来决定好恶。如果以自然的本性来看待，哪一类动物不是随其天性而鸣叫，哪一种草木不是在畅显自己的生机呢？

趋炎附势　人情通患

【原文】

饥则附[①]，饱则扬，燠[②]则趋，寒则弃，人情通患也。

【注释】

①附：依附。②燠（yù）：暖和，此指富贵。

【译文】

饥饿潦倒时就去投靠人家，富裕饱足时就远走高飞，看到富贵人家就去巴结，当人家衰败贫穷时就掉头而去，这是一般人都会有的通病。

宽之自明　纵之自化

【原文】

事有急之不白[①]者，宽之或自明，毋躁急以速其忿[②]；人有操之不从者，纵之或自化，毋躁切以益其顽[③]。

【注释】

①不白：不清楚，不明白。②忿（fèn）：紧张的气氛。③顽：抵触情绪。

【译文】

有些事情在很短的时间内想弄明白很困难，可是宽限一些时间也许会自然明白，不要急躁以免增加紧张的气氛；有的人想指导他却不听从，如果放松约束也许他会自然受到感化，不要急切地去约束他以免增加他的抵触情绪。

守口应密　防意应严

【原文】

口乃心之门，守口不密，泄尽真机；意[①]乃心之足，防意不严，走尽邪蹊[②]。

【注释】

①意：意念。②邪蹊：邪路。

【译文】

口是心的大门，如果不能管好自己的口，那么就会泄露很多机密；意念是心的双足，如果防范得不够严谨，那么就会走上邪路。

细处着眼　施不求报

【原文】

谨德[①]须谨于至微之事，施恩务施于不报之人。

【注释】

①谨德：慎于德行。

【译文】

谨守品德应该注意到最细微的地方，恩惠应该施予那些根本无法回报你的人。

做事论事　明晓利害

【原文】

议事[①]者，身在事外，宜悉利害之情；任事[②]者，身居事中，当忘利害之虑。

【注释】

①议事：议论事性。②任事：处理事情。

【译文】

议论事情的人，自己置于事情之外，应该尽量了解事情的全部是非曲直；做事的人，自己处于事情之中，应当完全抛弃个人的利害得失。

谦逊低调　立身之珍

【原文】

标[①]节义者，必以节义受谤；榜道学者，常因道学招尤[②]。故君子不近恶事，亦不立善名，只浑然和气才是居身之珍。

【注释】

①标：标榜。②尤：怨恨。

【译文】

标榜节义的人，必然会因为节义受到人家的毁谤；标榜道德学问的人，常会因为道德学问遭到人家的指责。所以一个有德行的君子，既不做坏事，也不去争得美名，只要做到纯朴敦厚，保持和气，才是立身处世中最珍贵的东西。

以诚待人　以德服人

【原文】

遇欺诈之人，以诚心感动之；遇暴戾之人，以和气熏蒸之；遇倾邪私曲[①]之人，以名义气节激励之，天下无不入我陶冶中矣。

【注释】

①倾邪私曲：邪恶自私。

【译文】

遇到狡诈不诚实的人，用真诚的态度去感动他；遇到粗暴乖戾的人，用平和的态度去感染他；遇到行为不正自私自利的人，用道义名节去激励他。这样，天下就没有人不受我的感化了。

通权达变　善于倾听

【原文】

纵欲之病可医，而势理[①]之病难医；事物之障可除，而义理之障难除。

【注释】

①势理：偏执一理。

【译文】

放纵欲念的毛病还可以医治，而事理上顽固不化却难以纠正；一般事物的障碍还能够排除，但是义理方面的障碍难以化解。

气量宽厚　兼容并包

【原文】

持身不可太皎洁[①]，一切污辱垢秽，要茹纳[②]得；与人不可太分明，一切善恶贤愚，要包容得。

【注释】

①皎洁：清高。②茹纳：容纳，接受。

【译文】

立身处世不能太过清高，对于污浊、屈辱、丑恶的东西要能够接受；与人相处不能太过计较，对于善良的、邪恶的、智慧的、愚蠢的人都要能够理解包容。

君子易处　小人难待

【原文】

休与小人仇雠[①]，小人自有对头；休向君子谄媚，君子原无私惠。

【注释】

①仇雠：此指结怨。雠，同"仇"。

【译文】

不要与那些行为不正的小人结下仇怨，小人自然有他的冤家对头；不要向君子讨好献媚，君子本来就不会因为私情而给予恩惠。

不畏谗言　却惧蜜语

【原文】

谗夫毁士，如寸云蔽日，不久自明；媚子阿人[①]，似隙风[②]侵肌，不觉其损。

【注释】

①媚子阿人：向人谄媚，阿谀奉承。②隙风：从门缝中吹进的风。

【译文】

那些喜爱搬弄是非的人对有德行的君子的污蔑诽谤，只不过像一片薄云遮蔽太阳一样，不久就会风吹云散重见光明；而那些喜欢阿谀奉承

去巴结别人的人，却像从门缝中吹进的风侵袭肌肤，人们感觉不到受了损害。

气度平和　悦纳他人

【原文】

山之高峻处无木，而溪谷回环则草木丛生；水之湍急处无鱼，而渊潭停蓄则鱼鳖聚集。此高绝之行[1]，褊急之衷[2]，君子重有戒焉。

【注释】

①高绝之行：过分清高的行为。②褊急之衷：过分偏激的心理。

【译文】

山峰险峻的地方没有树木生长，而在溪谷蜿蜒曲折的地方却草木丛生；在水流湍急的地方没有鱼儿停留，而平静的深水潭下则生活着大量鱼鳖。所以过于清高的行为，过于偏激的心理，对一个有德行的君子来说，是应当努力戒除的。

闻恶防谗　闻善防奸

【原文】

闻恶不可就[1]恶，恐为谗夫[2]泄怒；闻善不可即亲，恐引奸人进身。

【注释】

①就：立即。②谗夫：诬陷别人的小人。

【译文】

听到人家有恶行，不能马上就起厌恶之心，要仔细判断，看是否有人故意诬陷泄愤；听说别人的善行不要立刻相信并去亲近他，以防有奸邪的人作为谋求升官的手段。

用人不刻　交友不滥

【原文】

用人不宜刻[1]，刻则思效者去；交友不宜滥，滥则贡[2]谀者来。

【注释】

①刻：苛刻。②贡：献贡。

【译文】

用人不应该苛刻，如果用人苛刻，那些想前来效力的人也会因此离去；交朋友不应该不加选择，如果交朋友不加选择，那么善于逢迎献媚的人都会设法来到身边。

轻诺惹祸　乘快多事

【原文】

不可乘喜而轻诺，不可因醉而生嗔，不可乘快而多事，不可因倦而鲜终[①]。

【注释】

①鲜终：有始无终。

【译文】

不能因为自己心情高兴就轻率地作出承诺，不能因为借着醉意而乱发脾气，不能因为一时冲动而惹是生非，不能因为精神疲倦而有始无终。

风斜雨急　立定脚跟

【原文】

风斜雨急处，要立得脚定；花浓柳艳[①]处，要着得眼高；路危径险处，要回得头早。

【注释】

①花浓柳艳：比喻生活奢华。

【译文】

面临急风暴雨这样危险的处境，要站稳自己的立场；在令人眼花缭乱的环境中，要眼界高远以免被冲昏了头脑；在山路狭窄危险处，要及早回头，以免深陷其中。

茫茫世间 以真示人

【原文】

淫奔[1]之妇矫[2]而为尼，热中之人激而入道，清净之门，常为淫邪之渊薮[3]也如此。

【注释】

①淫奔：私奔。②矫：假装。③渊薮：喻人聚集的地方。渊，深水，鱼聚之地。薮，水边草地，野兽聚居地。

【译文】

与人私奔的妇女假托看破世情而削发为尼，热衷于名利的人因为意气用事而出家，本来清静的佛门道观，却往往成为藏污纳垢的地方。

少番思虑 少番臆度

【原文】

至人[1]何思何虑，愚人不识不知，可与论学亦可与建功。唯中才的人，多一番思虑知识，便多一番臆度猜疑，事事难与下手。

【注释】

①至人：智慧通达之人。

【译文】

智慧通达的人处事无忧无虑，愚笨憨厚的人也不会多么操心、着急，所以既可以和他们研究学问，也能够与他们一起创建功业。只有那些才能中等的人，智慧不高，什么都懂一点，遇事往往考虑得十分复杂，而且疑心很重，结果任何事情都很难和他们携手进行。

第五章　进退自如——处世篇

心胸开阔　与人为善

【原文】

面前的田地[①]要放得宽，使人无不平之叹[②]；身后的惠泽[④]要流得久，使人有不匮[④]之思。

【注释】

①田地：指心田，心胸。②不平之叹：对事情有不平之感时所发出的怨言。③惠泽：恩泽、德泽。④匮（kuì）：缺乏。

【译文】

待人处事要心胸开阔，与人为善，使人不会有不平的怨恨；死后留下的福泽，要能够流传得长久，才会赢得后人无穷的怀念。

路留一步　味减三分

【原文】

径路[①]窄处，留一步与人行；滋味[②]浓的，减三分让人尝。此是涉世[③]一极安乐[④]法。

【注释】

①径路：指小路。②滋味：味道，这里指好吃的东西。③涉世：经历世事。此处指为人处世。④安乐：安宁，快乐。

【译文】

在经过狭窄的道路时，要留一步让别人走得过去；在享受甘美的滋味时，要分一些给别人品尝。这就是为人处世中取得快乐的最好方法。

和衷少争　谦德少妒

【原文】

节义之人济以和衷[①]，终不启忿争之路；功名之士承以谦德，方不开嫉妒之门。

【注释】

①和衷：温和的态度。

【译文】

崇尚节义的人要用谦和诚恳的态度来适当加以调和，才不至于留下引起激烈纷争的隐患；功成名就的人要保持谦恭和蔼的美德，这样才不会给人留下嫉妒的把柄。

洞悉世态　低调通达

【原文】

完名美节[①]，不宜独任，分些与人，可以远害全身[②]；辱行污名[③]，不宜全推，引些归己，可以韬光[④]养德。

【注释】

①完名美节：完美的名声和高尚的节操。②远害全身：远离祸害，保全性命。③辱行污名：耻辱的事情，卑劣的名声。④韬光：掩盖光泽，喻掩饰自己的才华。韬，本义是剑鞘，引申为掩藏。

【译文】

完美的名声和高尚的节操，不应该自己独自拥有，与大家共同分享，可以避免发生祸害之事而保全自己；令人耻辱的事情和不利于己的名声，不应该全部推到别人身上，自己主动承担几分责任，才能够做到收敛锋芒而修养品德。

目光放远　胸怀放宽

【原文】

事事留个有余不尽[①]的意思，便造物[②]不能忌我，鬼神不能损我。若业[③]必求满，功必求盈[④]，不生内变，必召外忧[⑤]。

【注释】

①有余不尽：有所余地，不使穷尽。②造物：指创造天地万物的神，通称造物主。《庄子·大宗师》：“伟哉夫造物者，将以予为此拘拘也。”造物亦称造化。③业：事业，功业。④盈：充满。⑤外忧：外来的攻讦、忌恨。

【译文】

如果做任何事都能留些余地，那么全能的造物主就不会忌恨我，鬼

神也不能对我有所伤害。如果做事情一定要做到极点，求取功名一定要得到最高，那么即使内部不发生变化，也必然会招来外面的忧患。

内敛谨慎　明哲保身

【原文】

爵位不宜太盛，太盛则危；能事[①]不宜尽毕，尽毕则衰；行谊[②]不宜过高，过高则谤兴而毁来。

【注释】

①能事：才能。②行谊：品行，道义。谊，通“义”。

【译文】

爵禄官位不能够太高，太高就很危险了；才能和本事不能全部用尽，用尽之后就会走向衰落；言行论调不可太高，太高就容易遭到流言蜚语的毁谤。

为人处世　动静合宜

【原文】

好动者云电风灯[①]，嗜寂者[②]死灰槁木[③]；须定云止水[④]中，有鸢飞鱼跃[⑤]气象，才是有道的心体[⑥]。

【注释】

①云电风灯：云中的闪电和风中的油灯，此处形容短暂、不稳定。②嗜寂者：特别好静的人。③死灰槁木：死灰，熄灭后的灰烬。槁木，指枯树，比喻丧失生机的东西。④定云止水：定云，停在一处不动的云。止水，停在一处不流的水，都是比喻极为宁静的心境。⑤鸢飞鱼跃：《诗经·大雅·旱麓》：“鸢飞戾天，鱼跃于渊。”引申为君子修其乐易之德，上及飞鸟，下及渊鱼，无不欢欣愉悦。⑥心体：禅宗用语，禅宗以“心”为万事万物的本体，此处指心胸。

【译文】

一个好动的人就像云中的闪电一样飘忽不定，又像风中的残烛一样忽明忽暗；而一个嗜好安静的人就像火已经熄灭的灰烬，又像已毫无生机的枯木。以上这两种人都不合乎中庸之道。应该像在静止的云中有飞翔的鸢鸟，在不动的水中有跳跃的鱼儿，用这种心态观察万事万物，才算是真正达到符合道的理想境界。

不争功劳　不求感德

【原文】

处世不必邀功[①]，无过便是功；与人[②]不求感德[③]，无怨便是德。

【注释】

①邀功：刻意地追求功名或功劳。邀，求取。②与人：帮助别人，施恩于人。③感德：感激他人的恩德。据《诗经·小雅》："忘我大德，思我小怨。"

【译文】

为人处世不能够刻意去追逐名利，能够做到不犯错误就是最大的功劳；施恩于人不一定要求回报，只要别人没有怨恨，就是最好的回报。

折其两端　取其平衡

【原文】

忧勤[①]是美德，太苦则无以适性怡情[②]；澹泊是高风[③]，太枯[④]则无以济人利物。

【注释】

①忧勤：忧思和功劳，此处指绞尽脑汁用足体力去做事。②适性怡情：使心情愉快精神爽朗。③高风：高尚的风骨或高风亮节。④枯：本指树木枯萎，已经丧失生机。此处有不近人情的含义。

【译文】

尽自己的努力去做好事情本来是一种美德，如果过于认真，把自己弄得太苦，就无助于调适自己的性情而使生活失去乐趣；淡泊寡欲本来是一种高尚的情操，如果过分逃避社会，就无法对他人有所帮助。

偏见害人　聪明障道

【原文】

利欲未尽害心，意见[①]乃害心之蟊贼[②]；声色[③]未必障道，聪明乃障道之藩屏[④]。

【注释】

①意见：本是想法和见解之意，此处为偏见、邪念。②蟊（máo）贼：危害他人的人，这里比喻贪财的人。蟊，害虫名，专吃禾苗。据《诗经·小雅·大田》："及其蟊

贼。”《毛传》：“食根曰蟊，食节曰贼。”③声色：指沉湎于享乐的颓废生活。④藩屏：原指保卫国家的重臣，此处指屏障、藩篱。

【译文】

名利和欲望未必能够伤害自己的心性，而刚愎自用、自以为是才是残害心灵的毒虫；淫乐美色并不一定会妨碍一个人的品德，自作聪明、目中无人才是影响道德的障碍。

知退一步　加让三分

【原文】

人情[①]反复[②]，世路崎岖。行不去处，须知退一步之法；行得去处，务加让三分之功[③]。

【注释】

①人情：指人的情绪、欲望。②反复：变化不定。③功：功德。

【译文】

人间世情变化不定，人生之路曲折艰难、充满坎坷。在人生之路走不通的地方，要知道退让一步的道理；在走得过去的地方，也一定要给予他人三分便利，这样才能逢凶化吉，一帆风顺。

不可浓艳　不可枯寂

【原文】

念头浓[①]者，自待厚，待人亦厚，处处皆浓；念头淡[②]者，自待薄[③]，待人亦薄，事事皆淡。故君子居常[④]嗜好，不可太浓艳[⑤]，亦不宜太枯寂[⑥]。

【注释】

①念头浓：想法多，此处指热情。念头，想法、动机。②淡：冷漠。③薄：薄情，刻薄。④居常：日常生活。⑤浓艳：此处指奢侈讲究。⑥枯寂：枯燥寂寞到极点。

【译文】

一个对任何事情念头太多的人，往往能够善待自己，同时也能善待别人，他要求处处都丰富、气派、讲究；一个对任何事情念头很淡的人，不仅对自己要求低，同时对别人也不严要求，于是事事显得松散，毫无生

气。所以作为一个真正有修养的人，日常生活的喜好，既不可过度奢侈讲究，也不可过度枯燥孤寂。

高处立身　低处处世

【原文】

立身[1]不高一步立，如尘里振衣[2]，泥中濯足[3]，如何超达[4]？处世不退一步处，如飞蛾投烛[5]，羝羊触藩[6]，如何安乐？

【注释】

①立身：在社会上立足。②尘里振衣：振衣是抖掉衣服上沾染的衣尘，在灰尘中抖去尘土会越抖越多。比喻做事没有成效。③泥中濯（zhuó）足：在泥巴里洗脚，比喻做事白费力气。④超达：超脱流俗，见解高明。⑤飞蛾投烛：典故，又作“飞蛾投火”，飞蛾接近灯火往往葬身火中，比喻自取灭亡。⑥羝（dī）羊触藩：羝，指公羊。藩，指竹篱笆。《易·大壮》：“羝羊触藩，羸其角。”比喻进退两难之意。

【译文】

立身如果不能站在更高的境界，就如同在灰尘中抖衣服，在泥水中洗脚一样，怎么能够做到超凡脱俗呢？为人处世如果不退一步着想，就像飞蛾投入烛火中，公羊用角去顶竹篱笆一样，怎么会有安乐的生活呢？

当方则方　当圆则圆

【原文】

处治世[1]宜方[2]，处乱世[3]当圆[4]，处叔季之世[5]当方圆并用；待善人宜宽，待恶人当严，待庸众[6]之人宜宽严互存。

【注释】

①治世：太平盛世。②方：指品行端正。③乱世：动荡的时代，与“治世”相对。④圆：圆滑，随机应变。⑤叔季之世：指衰乱将亡的时代。古时少长顺序按伯、仲、叔、季排列，叔、季排行靠后，《左传》云：“政衰为叔世”“将亡为季世”。⑥庸众：平庸，平常。

【译文】

生活在太平盛世，为人处世应当严正刚直；生活在动荡不安的时代，为人处世应当圆滑老练；生活在衰乱将亡的时代，为人处世就要方圆并

用。对待心地善良的人，应当更多一些宽容；对待凶恶的人，应当更加严厉；对待那些庸碌平凡的众生，则应当根据具体情况，宽容和严厉互用，恩威并施。

无为养心 半分做人

【原文】

欹器[①]以满覆，扑满[②]以空全。故君子宁居无不居有，宁居缺不处完。

【注释】

①欹（qi）器：倾斜易覆之器。古代专门指宥坐之器，此器空时倾斜，注入一半水直立，水满则翻。典出《荀子·宥坐》："孔子观于鲁桓公之庙，有欹器焉。孔子问于守庙者曰：'此为何器？'守庙者曰：'此盖为宥坐之器。'孔子曰：'吾闻宥坐之器者，虚则欹，中则正，满则覆。'孔子顾为弟子曰：'注水焉！'弟子挹水而注之，中而正，满而覆，虚而欹。孔子喟然而叹曰：'吁！恶有满而不覆者哉！'"《注》："宥与右同。言人君可置于坐右以为戒也。"②扑满：用来存钱的陶罐，有入口无出口，满则需打破取出，故名。

【译文】

欹器装满水时会倾覆，扑满中空无一物才得以保全。所以正人君子宁可无所作为而不愿有所争夺，宁可有些欠缺而不十分完满。

心域打开 宽心待事

【原文】

福不可徼[①]，养喜神[②]，以为召福之本而已；祸不可避，去杀机[③]，以为远祸之方[④]而已。

【注释】

①徼：求、求取，当祈福解。②喜神：喜气洋洋的神态。③杀机：暗中决定要杀害他人的动机。④远祸之方：躲避祸害的方法。

【译文】

福分不可强求，只有保持愉快的心境，才是追求人生幸福的根本态度；祸患不可逃避，只有排除怨恨的心绪，才是作为远离祸患的办法。

宽宏大量　胸能容物

【原文】

地之秽者多生物，水至清者常无鱼[①]。故君子当存含垢纳污[②]之量，不可持好洁独行之操[③]。

【注释】

①水至清者常无鱼：《孔子家语》中有“水至清则无鱼，人至察则无徒”。②含垢纳污：容纳脏的东西，比喻有容忍的气度。③操：品德，品行。《史记·张汤传》：“汤之客田甲，虽贾人，有贤操。”

【译文】

那些堆满污物的地方，往往滋生许多生物，而极为清澈的水中反而没有鱼儿生长。所以真正有德行的君子应该有容纳他人缺点和宽恕他人过失的气度，绝对不能自命清高，独来独往。

君子懿德　中庸之道

【原文】

清能有容[①]，仁能善断[②]，明不伤察，直不过矫，是谓蜜饯不甜，海味不咸，才是懿德[③]。

【注释】

①清能有容：清正而又能包容。②仁能善断：仁义而又果断。善断，果决，不优柔。③懿德：美好的品德。

【译文】

清廉纯洁而有包容一切的雅量，仁义而又有敏锐的判断力，洞察一切而又不苛求于人，正直而又不过于矫饰，如果做到恰如其分，就像蜜饯虽由蜜糖制成却不太甜，海水虽然含盐但不太咸一样，那就是一种高尚的美德。

少变操履　不露锋芒

【原文】

澹泊[①]之士必为浓艳者所疑，检饰之人多为放肆者所忌。君子处此，固不可少变其操履[②]，亦不可露其锋芒[③]。

【注释】

①澹泊：恬静无为。②操履：操行，谓平日所操守及履行之事。③锋芒：比喻人的才华和锐气。

【译文】

志向淡泊的人，必定会受到那些热衷于名利的人的怀疑；生活俭朴谨慎的人，大多会被行为放荡的人所妒忌。一个坚守正道的君子，固然不应该因此而稍稍改变自己的节操，但是也不能够过于锋芒毕露。

美味快意　享用五分

【原文】

爽口之味，皆烂肠腐骨[①]之药，五分便无殃；快心之事，悉败身丧德之媒，五分[②]便无悔。

【注释】

①烂肠腐骨：指使身体受到毒害。②五分：半数。

【译文】

可口的美味佳肴，都是容易伤害肠胃的毒药，如果只吃五分饱便不会受到伤害；令人赏心悦目的事情，都是导致身败名裂的媒介，只享受一部分便不至于事后悔恨。

胸无芥蒂　养德远害

【原文】

不责人小过[①]，不发[②]人阴私[③]，不念人旧恶[④]。三者可以养德，亦可以远害。

【注释】

①过：过错。②发：揭发。③阴私：指个人私生活的隐秘事。④旧恶：指他人以前的过失。

【译文】

对别人小的过失不求全责备，不揭露别人隐秘的事，不记恨别人过去的恶行。能够做到这三点，就可以培养自己良好的品德，也能够通过这种办法避免祸害。

不畏人忌　不惧人毁

【原文】

曲意而使人喜，不若直躬[1]而使人忌；无善[2]而致人誉，不若无恶而致人毁。

【注释】

①直躬：直起身子，喻理直气壮。②无善：没有善行。

【译文】

违背自己的意志去迎合别人，讨人欢心，还不如保持刚直不阿的品德让那些小人去忌恨；没有什么值得称道的善行却接受别人的赞美，还不如没有恶行劣迹而受到小人诋毁。

藏巧于拙　以屈为伸

【原文】

藏巧于拙，用晦而明，寓清于浊，以屈为伸，真涉世之一壶[1]，藏身之三窟[2]也。

【注释】

①壶：通“瓠”，即瓠瓜，古人常系于腰间，作为渡河的工具。②三窟：即“狡兔三窟”，比喻处世巧妙。

【译文】

一个人再聪明也不宜锋芒毕露，不妨装得笨拙一点；即使非常清楚明白也不宜过于表现，宁可用谦虚来收敛自己；志节很高也不要孤芳自赏，宁可随和一点；在有能力时也不宜过于激进，宁可以退为进，这才是真正安身立命、高枕无忧的处世法宝。

奇人乏识　独行无恒

【原文】

惊奇喜异[1]者，无远大之识；苦节[2]独行者，非恒久之操。

【注释】

①喜异：喜欢标新立异。②苦节：苦守名节。

【译文】

一个人如果过于标新立异，行为怪诞不群，必然不会有高深的学问和卓越的见识；一个人如果只知道苦心潜修名节，特立独行，也必然没有长久不变的操守。

宽而容人　不行于色

【原文】

觉[1]人之诈，不形于言[2]；受人之侮，不动于色。此中有无穷意味，亦有无穷受用。

【注释】

①觉：发现，发觉。②不形于言：不流露于言表。

【译文】

发觉别人的欺诈行为时，并不以言语表现自己的不满；受到别人的欺侮，并不表现出愤怒的情绪。这种处世方法中有无穷的意蕴，也含有一生受用不尽的奥妙。

高调做事　低调做人

【原文】

有妍[1]必有丑为之对，我不夸妍，谁能丑我[2]；有洁必有污为之仇，我不好洁，谁能污我。

【注释】

①妍（yán）：漂亮，美丽。②丑我：丑化我。“丑”作动词。

【译文】

有美丽必然就有丑陋作为对比，我不自夸自大宣扬自己美丽，谁又能指责我丑陋呢？有干净必然就有脏污作为对比，我不宣扬自己如何干净，谁又能讥讽我脏污呢？

功过分明　恩仇糊涂

【原文】

功过不容少混，混则人怀惰隳[1]之心；恩仇不可太明，明则人起

携贰[②]之志。

【注释】

①惰隳：疏懒堕落，灰心丧气。②携贰：指有疑心，不相亲附。《左传·文公七年》："亲之以德，皆股肱也，谁敢携贰。"

【译文】

功绩和过失一点都不容混淆，混淆了人们就会变得懒怠而没有上进之心；恩惠和仇恨却不能表现得太明显，太明显了人们就容易产生怀疑背叛之心。

气量宏大　宽待他人

【原文】

锄奸杜幸[①]，要放他一条去路。若使之一无所容，譬如塞鼠穴者，一切去路都塞尽，则一切好物俱咬破矣。

【注释】

①杜幸：杜绝邀宠获幸的人。

【译文】

要想铲除杜绝那些邪恶奸诈之人，就要给他们一条改过自新、重新做人的路径。如果使他们走投无路、无立锥之地，就好像堵塞老鼠洞一样，一切进出的道路都被堵死了，一切好的东西也都被咬坏了。

有难同当　不共富贵

【原文】

当与人同[①]过，不当与人同功，同功则相忌；可与人共患难，不可与人共安乐，安乐则相仇。

【注释】

①同：共同承担。

【译文】

应该有和别人共同承担过失的雅量，不可有和别人共同享受功劳的念头，共享功劳就会引起彼此的猜疑；应该有和别人共同渡过难关的胸怀，不可有和别人共同享受安乐的心思，共享安乐就会造成互相仇恨。

触事反己　众善之路

【原文】

反[1]己者，触事皆成药石；尤人者，动念即是戈子。一以辟众善之路，一以浚[2]诸恶之源，相去霄壤[3]矣。

【注释】

①反：反省。②浚（jùn）：疏通。③霄壤：天壤之别。

【译文】

一个肯经常自我反省的人，那日常接触的任何事都变成警惕自己的良药；一个经常怨天尤人的人，只要他的思想观念一动，就全是带有杀气的邪恶想法。可见自我反省是使一个人往善的唯一途径，而怨天尤人是走向各种罪恶的根源，两者之间的分野真是有天壤之别。

自然造化　智巧不及

【原文】

鱼网之设，鸿[1]则罹[2]其中；螳螂之贪，雀又乘其后。机里藏机，变外生变，智巧何足恃哉。

【注释】

①鸿：大雁。②罹：遭，碰上。

【译文】

本来是张网捕鱼，不料鸿雁竟碰巧落在网中；贪婪的螳螂一心想吃眼前的蝉，不料后面有一只黄雀想要吃它。可见天地间的事太奥妙，玄机中还藏有玄机，变幻中又会发生另外的变幻，人的智慧计谋又有什么可仗恃的呢？

真诚为人　圆转涉世

【原文】

作人无点真恳[1]念头，便成个花子[2]，事事皆虚；涉世无段圆活机趣，便是个木人，处处有碍。

【注释】

①真恳：真诚恳切。②花子：乞丐的俗称。

【译文】

做人没有一点真情实意，就会变成一个一无所有的乞丐，不论做任何事情都不踏实；一个人生活在世界上如果不懂得一点灵活应变的情趣，就像是一个没有生命的木头人，不论做任何事都会处处碰壁。

急流勇退　与世无争

【原文】

谢事[①]当谢于正盛之时，居身宜居于独后之地[②]。

【注释】

①谢事：退隐之事。②独后之地：与世无争之地。

【译文】

急流勇退应当在事情正处于巅峰的时候，这样才能使自己有一个完满的结局；而处身则应在清静、不与人争先的地方，这样才可能真正地修身养性。

念头宽厚　尽善尽美

【原文】

念头宽厚的，如春风煦育[①]，万物遭之而生；念头忌刻的，如朔雪阴凝[②]，万物遭之而死。

【注释】

①煦（xù）育：温暖催生。②阴凝：阴冷凝重。

【译文】

一个胸怀宽厚的人，应当像春风催生万物，万物感觉到它的温暖就会充满生机一样；而心胸狭窄刻薄的人，就像北风呼啸，冰雪带来寒冷，万物感觉到它的阴冷就会被摧残一样。

以诚待人　以德服人

【原文】

恩宜自淡而浓，先浓后淡者，人忘其惠[1]；威宜自严而宽，先宽后严者，人怨其酷[2]。

【注释】

①惠：好处。②酷：严苛。

【译文】

对人施予恩惠应该从淡到浓，如果开始浓厚而逐渐淡薄，那么人们就容易忘掉你的恩惠；树立威信要先严厉而后宽容，如果先宽容而后严厉，人们就会怨恨你的严苛。

操履严明　亦毋偏激

【原文】

士君子处权门要路，操履要严明，心气要和易，毋少随而近腥膻之党[1]，亦毋过激而犯蜂虿[2]之毒。

【注释】

①腥膻之党：比喻奸邪之人。腥膻，指难闻的气味。②蜂虿：喻指阴险小人。虿，一种类蝎子的毒虫。

【译文】

有学识的人处于有权势的重要地位时，节操品德要刚正清明，心地气度要平易随和，不要放松自己的原则，与结党营私的奸邪之人接近，也不要过于激烈地触犯那些阴险之人而遭其谋害。

韬光养晦　不露锋芒

【原文】

阴谋怪习，异行奇能，俱是涉世的祸胎。只一个庸德庸行，便可以完混沌[1]而招和平。

【注释】

①完混沌：合乎自然。

【译文】

阴险的诡计、古怪的陋习、奇异的行为和能力，都是涉身处世时招致祸害的根源。只要谨守平凡的品德和言行，就可因合乎自然的本性而带来和平。

平和雍容　游刃有余

【原文】

处世不宜与俗[1]同，亦不宜与俗异；作事不宜令人厌，亦不宜令人喜。

【注释】

①俗：普通，庸俗。

【译文】

为人处世既不要同流合污陷于庸俗，也不要故作清高、标新立异；做事情不应该使人产生厌恶，也不应该故意迎合讨人欢心。

聪明不露　才华不逞

【原文】

鹰立如睡，虎行似病，正是它取人攫人手段处。故君子要聪明不露，才华不逞，才有肩鸿任钜[1]的力量。

【注释】

①肩鸿任钜：肩负重任。

【译文】

老鹰站立时双目半睁半闭仿佛处于睡态，老虎行走时慵懒无力仿佛处于病态，实际这些正是它们准备捕食的高明手段。所以有德行的君子要做到不炫耀自己的聪明，不显示自己的才华，才能够有力量担任艰巨的任务。

居官有节　居乡有情

【原文】

士大夫居官，不可竿牍无节[1]，要使人难见，以杜幸端；居乡不可

崖岸太高[2]，要使人易见，以敦旧好。

【注释】

①竿牍无节：指无节制地接受各种书信推荐。竿，竹简。牍，文本。竿牍，指书信。②崖岸太高：清高自傲。

【译文】

读书人做了官以后不能无节制地接受各种书信推荐，要让那些求贤的人难以见面，以防止那些投机取巧的人乘机钻营；退隐居住到家乡后，不能过于清高自傲，要态度平和使人容易接近，以保持亲族邻里之间的友好感情。

一言一行　切戒犯忌

【原文】

有一念而犯鬼神之禁[1]，一言而伤天地之和，一事而酿子孙之祸者，最宜切戒。

【注释】

①禁：禁忌。

【译文】

如果有一个念头容易触犯鬼神的禁忌，说一句话会伤害人间的祥和之气，做一件事会造成子孙后代的祸患，那么这便是我们要避免并引以为戒的。

对上谨慎　待下宽仁

【原文】

大人[1]不可不畏，畏大人则无放逸之心，小民[2]亦不可不畏，畏小民则无豪横之名。

【注释】

①大人：指声望高，有官位的人。②小民：平民百姓。

【译文】

对于德行高尚的大人不能没有敬畏之心，能敬畏德行高尚的大人就不会有放纵轻浮的想法；对于普通百姓也不能没有敬畏之心，能敬畏普通老百姓就不会有蛮横的坏名声。

万事有度　物极必反

【原文】

居盈满者，如水之将溢未溢，切忌再加一滴；处危急者，如木之将折未折，切忌再加一搦[1]。

【注释】

①搦（nuò）：压，外力，力量。

【译文】

当一个人的权力达到鼎盛的时候，就像水缸中的水已经装满将要溢出的情形，这时切忌再加入一滴；处在危急状况时，就像树木将要折断却还未折断的时候，这时切忌再施加一点力量。

进时思退　得手思放

【原文】

进步处便思退步，庶免触藩之祸[1]；著手时先图放手，才脱骑虎之危。

【注释】

①触藩之祸："羝羊触藩"的缩语。公羊的角缠在篱笆上，比喻进退两难。

【译文】

在平步青云、通达高升时就要做好隐退的准备，这样也许可以避免进退两难的灾祸；在得手时要考虑如何罢手，这样才能避免骑虎难下的危险。

狭路相逢　宽忍上策

【原文】

争先[1]的径路窄，退后一步，自宽平一步；浓艳的滋味短，清淡一分，自悠长一分。

【注释】

①争先：争强好胜。

【译文】

人人竞相争先的道路最为狭窄，如果能够退后一步，道路自然会宽广一步；追求浓艳华丽而享受到的滋味很短暂，如果清淡一些，趣味反而更加悠久。

内心空灵　在世出世

【原文】

真空不空，执相非真，破相亦非真，问世尊如何发付？在世出世，徇[①]欲是苦，绝欲亦是苦，听吾侪善自修持！

【注释】

①徇：通“殉”，依从，曲从的意思。

【译文】

能超出一切色相意识的真实境界，并不就能看空一切，执着于外在并不能看清事物的本质，同样，破除外在也不能看清事物的本质，请问佛陀如何解释这个道理？身处俗世要能超脱于俗事之外，追求私欲是一种痛苦，断绝一切私欲也是一种痛苦，这就要靠我们自己好好修持。

能屈能伸　收放自如

【原文】

白氏[①]云：“不如放身心，冥然任天造。”晁氏[②]云：“不如收身心，凝然归寂定。”放者流为猖狂，收者入于枯寂。唯善操身心者，把柄在手，收放自如。

【注释】

①白氏：白居易。②晁氏：北宋文学家晁补之。

【译文】

白居易说：“不如放任自己的身心，默默听从天地的造化。”晁补之说：“不如收敛自己的身心，静静地归于安寂。”放任往往使人狂放自大，过度收敛又会归入枯寂。只有善于把持自己身心的人，控制的开关在自己手中，才可以收放自如，取得平衡。

履盈满者　冲虚谦下

【原文】

花看半开，酒饮微醉，此中大有佳趣。若至烂漫酕醄[1]，便成恶境矣。履盈满[2]者，宜思之。

【注释】

①酕（máo）醄（táo）：酩酊大醉。②履盈满：行为过于持满。

【译文】

鲜花在半开的时候欣赏最美，醇酒饮到微醉时最妙，这里面有很深的趣味。如果等到鲜花盛开，酒喝得烂醉如泥，那么已经是恶境了。那些志得意满的人，要仔细考虑这个道理。

让一步为高　宽一分是福

【原文】

处世让一步为高，退步即进步的张本[1]；待人宽[2]一分是福，利人实利己的根基。

【注释】

①张本：根本，前提，为事态的发展预先做的安排。②宽：宽恕，厚待。

【译文】

为人处世能够做到忍让是很高明的方法，因为退让一步往往是更好的进步阶梯；对待他人宽容大度就是有福之人，因为在便利别人的同时也为方便自己奠定了基础。

卓智多人　洞烛机先

【原文】

遇病而后思强之为宝，处乱而后思平之为福，非蚤智[1]也；幸福[2]而先知其为祸之本，贪生而先知其为死之因，其卓见乎！

【注释】

①蚤智：蚤与“早”同，蚤智指先见之明。②幸福：此处“幸”有非分而得到的意思，幸福指侥幸得到的幸福。

【译文】

一个人只有在生过病之后才能体会到健康的可贵，遭遇变乱之后才会思念太平的幸福，其实这都不是什么有远见的智慧；能预先知道侥幸获得的幸福是灾祸的根源，既爱惜生命而又能明白有生必有死之理，才算是超越凡人的真知灼见。

第六章　笑看成败——功业篇

得意回头　拂心莫停

【原文】

恩里[1]由来[2]生害，故快意[3]时须早回头；败后或反成功，故拂心[4]处莫便放手。

【注释】

①恩里：恩惠，蒙受好处。②由来：从来，往往。③快意：舒适，称心。④拂心：意指不如意或不顺心。

【译文】

在得到恩惠时往往会招来祸害，所以在得心快意的时候要想到早点回头；在遇到失败挫折时或许反而有助于成功，所以在不如意的时候不要轻易放弃追求。

看淡荣辱　远离骄矜

【原文】

盖世功劳，当不得一个矜[1]字；弥天[2]罪过，当不得一个悔[3]字。

【注释】

①矜：自负，骄傲。②弥天：满天，滔天之意。③悔：忏悔，本是佛家语，自我认错请人饶恕之意。

【译文】

一个人即使立下了举世无双的汗马功劳，如果他恃功自傲、自以为是，他的功劳很快就会消失殆尽；一个人即使犯下滔天大罪，却能够浪子回头、改邪归正，那么他的罪过也会被他的悔悟所洗净。

永葆初心　不受纷扰

【原文】

事穷[1]势蹙[2]之人，当原其初心；功成行满[3]之士，要观其末路[4]。

【注释】

①事穷：事业失败，陷入困境。②势蹙：势态紧迫。意指穷途末路。③功成行满：事业有所成就，一切都如意圆满。④末路：本指路的终点，这里指最后的结局。

【译文】

一个人在事业上遭受失败、穷途末路时，应当还原最初创业时的心境；一个人功成圆满时，应该想到自己在以后的道路上如何保住晚节。

头脑清醒　登高思危

【原文】

居卑[①]而后知登高之为危，处晦[②]而后知向明之太露；守静[③]而后知好动之过劳，养默[④]而后知多言之躁[⑤]。

【注释】

①居卑：原指身份卑贱，此处指处于地位低的地方。②处晦：在昏暗的地方。③守静：隐居山林寺院的寂静心理。④养默：沉默寡言，潜心修养心志。⑤躁：浮躁，急促。

【译文】

处在低位观察，才知道向高处攀登充满着危险；到了黑暗的地方，才知道当初的光亮过于耀眼；持有宁静的心情，才知道四处奔波的辛苦；保持沉默，才知道过多的言语所带来的烦躁不安。

相观对治　方便法门

【原文】

人之际遇[①]，有齐[②]有不齐，而能使己独齐乎？己之情理[③]，有顺有不顺，而能使人皆顺乎？以此相观对治[④]，亦是一方便法门[⑤]。

【注释】

①际遇：机会、境遇。②齐：通“济”，此指顺利，幸运。③情理：这里指情绪，精神状态。④相观对治：相互对照修正。治，修正。⑤法门：佛家用语，指领悟佛法的通路。《增一阿含经》：“如来开法门，闻者得笃信。”

【译文】

人生的遭遇，有顺利有不顺利，所处的境况各有不同，在这种情况

下，自己又如何要求特别的幸运呢？自己的情绪，有平静的时候也有烦躁的时候，每个人的情绪也各有不同，在这种情况下，又如何能要求别人时刻都心平气和呢？用这个道理来反躬自问，将心比心，也不失为人生中一种修养品德的好方法。

苦中有乐　得意生悲

【原文】

苦心[①]中，常得悦心[②]之趣[③]；得意时，便生失意之悲[④]。

【注释】

①苦心：困苦、困顿的感受。②悦心：喜悦的感受。③趣：此指乐趣。④失意之悲：由于失望而感到悲哀。

【译文】

人们在苦心追求时，因为感受到追求成功的喜悦而觉得乐趣无穷；人们在得意时，因为面临着顶峰过后的低谷，往往潜藏着失意的悲哀。

居安思危　天亦无用

【原文】

天之机缄[①]不测，抑而伸[②]，伸而抑，皆是播弄[③]英雄颠倒豪杰处。君子只是逆来顺受，居安思危，天亦无所用其伎俩[④]矣。

【注释】

①机缄：机关闭合，本指推动事物运动的造化力量，此处引申为气运、气数。《庄子·天运》："天其运乎，地其处乎，日月其争于所乎。孰主张是，孰维纲是，孰居无事，推而行是。意者其有机缄而不得已邪？"②伸：指舒展，伸展。③播弄：玩弄、摆布，含有颠倒是非、胡作非为的意思。④伎俩：手法。此处为中性词。

【译文】

上天的变化不可把握，有时先让人陷入困境，然后再进入顺境，有时又让人先得意而后失意。不论处于何种境地，都是上天有意在捉弄那些自命不凡的所谓英雄豪杰。因此，一个真正的君子，如果能够坚忍地面对外来的困厄和挫折，平安之时不忘危难，那么就连上天也没有办法对他施加任何伎俩了。

偏激之人　难建功业

【原文】

燥性[①]者火炽[②]，遇物则焚；寡恩者冰清[③]，逢物必杀；凝滞[④]固执者，如死水腐木，生机已绝。俱难建功业而延福祉[⑤]。

【注释】

①燥性：性情暴躁。②炽：火旺。《北史·齐纪总论》：“火既炽矣，更负薪以足之。”③冰清：如冰般清冷。④凝滞：停留不动，比喻人的性情古板。⑤祉：福。

【译文】

那些性情暴躁的人就像炽热的火焰，遇到物体就会点燃烧毁；那些刻薄寡恩的人就像冰块一样冷酷，遇到物体就会无情残杀；那些固执呆板的人，就像静止的死水和腐朽的枯木，毫无一线生机。这些人都难以建立功业，延续幸福。

有吾之有　心逸身安

【原文】

图[①]未就之功[②]，不如保已成之业；悔既往之失[③]，不如防将来之非[④]。

【注释】

①图：图谋，筹划。②未就之功：尚未完成的功业。③失：过错。④非：错误。

【译文】

与其去谋划不能完成的事业，不如将精力用来保持已经完成的事业；与其去追悔过去的失误，不如将精力用来防止再发生错误。

安贫乐道　磨砺心智

【原文】

贫家净扫地，贫女净梳头，景色[①]虽不艳丽，气度自是风雅。士君子当穷愁寥落[②]，奈何[③]辄[④]自废弛[⑤]哉！

【注释】

①景色：此处指前文的贫家和贫女。②寥落：寂寞不得志。③奈何：为什么要。④辄：就，即。⑤废弛：应做的不做，指自暴自弃。

【译文】

贫穷的人家要经常把地扫得干干净净，穷人的女儿要把头梳得整整齐齐，虽然没有艳丽奢华的陈设和美丽的装饰，却有一种自然朴实的风雅。有才之君子，怎能一遇穷困忧愁或者际遇不佳，受到冷落，就自暴自弃呢！

闲忙有度　劳逸结合

【原文】

人生太闲则别念窃生，太忙则真性不现。故君子不可不抱身心之忧，亦不可不耽风月[①]之趣。

【注释】

①耽风月：沉迷于风花雪月。

【译文】

人生如果过于闲逸，那么别的念头就会悄悄产生；人生如果太过忙碌，那么纯真的本性就不会显现。所以德行高尚的君子既不可以使自己身心过于疲倦，也不可不懂得吟风弄月的乐趣。

未雨绸缪　有备无患

【原文】

闲中不放过[①]，忙中有受用[②]；静中不落空[③]，动处有受用；暗中不欺隐[④]，明处有受用。

【注释】

①放过：让时光轻易流过。②受用：好处。③落空：内心空虚。④欺隐：欺骗，隐瞒。

【译文】

在闲暇时不让时光轻易流过，抓紧时间做些准备，到了忙的时候自然会用得着；在平静时不让心灵空虚，在遇到变化的时候自然能够应付自如；在无人知道的时候不做邪恶阴暗的事，在大庭广众之下自然会受到尊敬。

逆境砥节　建功立业

【原文】

居逆境中，周身皆针砭药石[①]，砥节砺行[②]而不觉；得顺境内，眼前尽兵刃戈矛，销膏靡骨[③]而不知。

【注释】

①针砭药石：比喻砥砺人品德气节的良方。针砭，一种用石针治病的方法。药石，泛称治病用的药物。②砥节砺行：磨砺品行气节。砥砺，磨刀石，此指磨炼。③销膏靡骨：粉身碎骨。膏，脂肪。

【译文】

人处在逆境中，仿佛置身于治病用的针灸药石之中，可时时自觉纠正自己的过失，陶冶自己的性情；处在顺境中，眼前就像布满了看不见的刀枪戈矛，人的意志逐渐消磨也浑然不觉。

富贵丛中　心境淡泊

【原文】

生长富贵丛中的，嗜欲[①]如猛火，权势似烈焰。若不带些清冷气味，其火焰不至焚人，必将自烁[②]矣。

【注释】

①嗜欲：嗜好，欲望。②烁：燃烧。

【译文】

生长在富豪权贵之家的人，他们的欲望像猛火一样强烈，他们的权势像烈焰一样灼人。如果不时时给他们一些清醒的观念加以调和的话，即使这些欲望和权势的火焰不会焚烧他人，也会将他们自己灼伤。

人心一真　千种可能

【原文】

人心一真，便霜可飞[①]，城可陨[②]，金石可镂。若伪妄之人，形骸[③]徒具，真宰[④]已亡，对人则面目可憎，独居则形影自愧。

【注释】

①霜可飞：即“六月飞霜”，比喻人的真诚可以感动上天，使不可能的变为可能。

②陨：损坏的意思。《淮南子·览冥》："景公台陨。"③形骸：指与精神相对的肉体。④真宰：天为主宰万物者，故云真宰。《庄子·齐物论》："若有真宰而特不得其眹。"

【译文】

人心只要做到至诚，就可以感动上天，在六月降下霜雪，使城墙可以被哭倒，而坚固的金石也可以被雕琢。如果是一个虚伪奸邪的人，就只是白白地有一个人的皮囊，真正的灵魂早已消亡，与他人相处会让人觉得面目可憎，独自一个人时也会为自己的形体和灵魂感到惭愧。

大处着眼　小处着手

【原文】

小处[①]不渗漏，暗处不欺隐，末路不怠荒[②]，才是个真正英雄。

【注释】

①小处：细枝末节的地方。②怠荒：懈怠，荒疏。

【译文】

在细枝末节的小事上也要处理得一丝不苟，不能留下漏洞；在无人所见的暗处也要心地正直，处事公正；在遇到窘迫的境地时也不放弃追求。这样才是真正非凡出众的人。

深谋远虑　着眼长远

【原文】

衰飒[①]的景象，就在盛满中，发生的机缄，即在零落内。故君子居安宜操一心以虑患[②]，处变当坚百忍以图成。

【注释】

①衰飒：衰败，萧条。②虑患：思虑忧患。

【译文】

凡是衰败的结局往往很早就在一片繁华的盛况之中隐藏着；凡是草木的蓬勃生机也早就孕育在换季的凋零时刻。所以一个聪明的人，当自己处在顺境中平安无事时，要有防患于未然的思想准备，而当自己处在动乱和灾祸中时，也要用坚韧不拔的意志来争取事业最后的成功。

百折不挠　苦难辉煌

【原文】

横逆[1]困穷，是锻炼豪杰的一副炉锤，能受其锻炼，则身心交益[2]，不受其锻炼，则身心交损。

【注释】

①横逆：遭遇横祸、逆境。②交益：同时受益。交，同时。

【译文】

突然遭遇到的灾难和穷困窘迫的境遇是锻炼英雄豪杰的熔炉。经受住这种锻炼，身体和头脑都会得到好处；承受不了这种锻炼，那么对身体和头脑来说都是一种损害。

修身种德　事业之基

【原文】

德者事业之基，未有基不固而栋宇[1]坚久者。

【注释】

①栋宇：泛指房屋。

【译文】

美好的品德是一切事业的基础，正如盖房子一样，如果没有坚实的地基，就不可能修建坚固而耐用的房屋。

养精蓄锐　百忍图成

【原文】

语云："登山耐[1]侧路，踏雪耐危桥。"一耐字极有意味，如倾险之人情，坎坷之世道，若不得一耐字撑持过去，几何不堕入榛莽坑堑[2]哉？

【注释】

①耐：禁得住。②榛莽坑堑：形容杂草丛生的深沟。

【译文】

俗话说："爬山要能耐得住险峻难行的路，踏雪要耐得住危险的

桥梁。”这一个“耐”字意味深长，就像阴邪险恶的人情、坎坷难行的世道，如果不能用一个“耐”字撑过去，几乎没有不掉入荆棘遍布的深涧中的。

圆融谦虚　丰功伟业

【原文】

建功立业者，多虚圆[①]之士；偾事[②]失机者，必执拗之人。

【注释】

①虚圆：谦虚圆融。②偾事：败坏事情。

【译文】

能够建立宏大功业的人，大多是处世谦虚圆融的人；容易失败抓不住机会的人，一定是性情刚愎固执的人。

坚持不懈　勤奋成事

【原文】

事稍拂逆[①]，便思不如我的人，则怨尤自消；心稍怠荒，便思胜似我的人，则精神自奋。

【注释】

①拂逆：不顺心。

【译文】

处理事情遇到不顺心的时候，就想想那些境遇不如自己的人，那么怨恨的心情就会很快消失；心中一出现懒怠松懈的念头，就想想那些比自己强的人，那么马上会精神振作起来。

胸襟宽广　驭才有道

【原文】

仁人心地宽舒，便福厚而庆长，事事成个宽舒气象；鄙夫念头迫促，便禄薄而泽短，事事得个迫促[①]规模。

【注释】

①迫促：局促，狭隘。

【译文】

仁慈博爱的人心胸宽广舒畅，所以能够福禄丰厚而长久，事事都能表现出宽宏大度的气概；浅薄无知的人心胸狭窄，所以福禄微薄而短暂，事事都表现出目光短小、狭隘局促的格局。

成大业者　不贪小利

【原文】

石火光[①]中争长论短，几何光阴；蜗牛角上较雌论雄，许大世界。

【注释】

①石火光：石头撞击发出的火星，形容时间短。

【译文】

在电光石火般短暂的人生中较量长短，又能争到多少光阴？在蜗牛触角般狭小的空间里你争我夺，又能夺到多大的世界？

沉潜蓄势　厚积薄发

【原文】

伏久者飞必高，开先者谢独早。知此，可以免蹭蹬[①]之忧，可以消躁急之念。

【注释】

①蹭蹬：窘迫困顿的样子。

【译文】

蛰伏得越久的鸟，会飞得越高；花朵盛开得越早，也会凋谢得越快。明白了这个道理，就可以免去怀才不遇的忧愁，可以消除急躁求进的念头。

不义之财　不图不纳

【原文】

非分之福，无故之获，非造物之钓饵，即世人之机井[①]。此处着眼不高，鲜不堕彼术中矣。

【注释】

①机井：机巧的陷阱。

【译文】

不是自己分内应得的福分、无缘无故的收获，不是上天有意安排的钓饵，就是人们故意布下的陷阱。在这种时候没有远大的目光，很少有人能不落入这些圈套中。

抓住关键　迎刃而解

【原文】

会得个中趣，五湖之烟月尽入寸里[①]；破得眼前机，千古之英雄尽掌握。

【注释】

①寸里：心里。古人以“方寸”称人心。

【译文】

能够懂得天地之间所蕴含的机趣，那么五湖四海的山川景色都可以容纳进我的心中；能够识破眼前的机用，那么千古的英雄豪杰都可以由我掌握。

第七章　清心寡欲——功名篇

清清白白　无所负累

【原文】

饮宴之乐多，不是个好人家；声华之习[①]胜，不是个好士子；名位之念重，不是个好臣士。

【注释】

①声华之习：喜欢歌舞华服的习性。

【译文】

经常举行宴会饮酒作乐的，不会是个正派人家；喜欢声色奢华的人，不是个正人君子；对于名声地位非常看重的，不是个好臣子。

名缰利锁　淡泊自守

【原文】

好利者，逸出于道义之外，其害显而浅；好名者，窜入[①]于道义之中，其害隐而深。

【注释】

①窜入：悄悄潜入。

【译文】

贪求利益的人，所作所为逾越道义之外，所造成的伤害虽然明显但不深远；而贪图名誉的人，所作所为隐藏在道义之中，所造成的伤害虽然不明显却很深远。

脱俗高远　减欲超圣

【原文】

作人无甚高远事业，摆脱得俗情[①]，便入名流；为学无甚增益[②]功夫，减除得物累[③]，便臻圣境。

【注释】

①俗情：世俗人情。②增益：增进提高的意思。③物累：泛指一些阻碍精神升华的物质利益，即日常所说的物欲。

【译文】

做人并不一定需要成就什么了不起的事业，能够摆脱世俗的功名利禄，就可成为名士；做学问没有什么特别的好办法，能够去掉外物的累赘，便能进入圣贤的境界。

利毋居前　德毋落后

【原文】

宠利①毋居人前，德业②毋落人后，受享毋逾分外③，修为④毋减分中。

【注释】

①宠利：恩宠和利益，此处指名利。②德业：积德修身的功业。③分外：不在本分之内。④修为：修是涵养学习，修为即品德修养。

【译文】

获得名利的事情不要抢在别人前面去争取，积德修身的事情不要落在别人后面；对于应得的东西要谨守本分，修身养性时则不要放弃自己应该遵守的标准。

抱负远大　心智淡泊

【原文】

居轩冕①之中，不可无山林②的气味；处林泉③之下，须要怀廊庙④的经纶⑤。

【注释】

①轩冕：古制大夫以上的官吏出门时都要穿礼服坐马车，马车就是轩，礼服就是冕。比喻高官，或者是显贵之人。《晋书·应贞传》："轩冕相袭，为郡盛族。"②山林：泛称田园风光或闲居山野之间。喻隐退。③林泉：山林泉水，此处与"山林"同，指居山野之中，喻退隐。④廊庙：比喻在朝从政做官。⑤经纶：以治丝之事比喻政治。《易·屯》："君子以经纶。"《礼·中庸》："惟天下至诚，为能经纶天下之经。"朱熹："经者，理者绪而分之，纶者，比其类而合之。"

【译文】

身居要职享受高官厚禄的人，要有退隐山林淡泊名利的思想；而隐居山林的人，要胸怀治理国家的大志和才能。

放下功名　超凡入圣

【原文】

放得功名富贵之心下，便可脱凡[①]；放得道德仁义之心下，才可入圣[②]。

【注释】

①脱凡：即超越尘世凡俗的意思。脱，超越。②入圣：进入光明伟大的境界。

【译文】

如果能够抛弃功名富贵之心，就能做一个超凡脱俗的人；如果能够摆脱仁义道德之心，就可以达到圣人的境界。

仁义为本　志气不衰

【原文】

彼富我仁[①]，彼爵我义[②]，君子故不为君相[③]所牢笼[④]；人定胜天[⑤]，志一动气[⑥]，君子亦不受造物之陶铸[⑦]。

【注释】

①彼富我仁：别人富贵我有仁德。出自《孟子》："晋、楚之富不可及也。彼以其富，我以吾仁；彼以其爵，我以吾义，吾何谦乎哉？"②我义：指高尚情操和正义之感。③君相：指高官厚禄。④牢笼：此指限制、束缚。⑤人定胜天：人的力量一定能够战胜自然的力量。⑥志一动气：一，专一或集中。动，统御、控制、发动。气，情绪、气质。⑦陶铸：范土曰陶，镕金曰铸。原意为炼制陶器，冶炼金属，此处有摆弄的意思。《隋书·高祖纪》："五气陶铸，万物流形。"

【译文】

别人拥有富贵我拥有仁德，别人拥有爵禄我拥有正义，如果是一个有高尚心性的正人君子，就不会被统治者的高官厚禄所束缚；人的力量一定能够战胜自然的力量，意志坚定可以发挥出无坚不摧的精气，所以君子当然也不会被造物者所局限。

拔除名根　圆融外物

【原文】

名根[1]未拔者，纵轻千乘[2]甘一瓢[3]，总堕尘情[4]；客气[5]未融者，虽泽四海利万世，终为剩技[6]。

【注释】

①名根：名利的根基，比喻功利的思想。②千乘：形容富贵显达。乘，谓一车四马。《史记·陈涉世家》："国六攻百乘，骑千余，卒数万人。"③一瓢：形容清苦生活。瓢，用葫芦做的盛水器。《论语·雍也》："贤哉回也，一箪食，一瓢饮，居陋巷，人不堪其忧，回也不改其乐。"④尘情：人世之情。⑤客气：理学术语，此处指人的欲望。⑥剩技：多余的伎俩。

【译文】

追逐名利的思想根基如果不从内心彻底除掉，即使表面上轻视世间的高官厚禄、荣华富贵，甘愿过着清贫生活，最终也摆脱不了世间名利的诱惑；外来的影响不能被自身的正气所化解的人，虽然他的恩惠能够泽及世上所有的人并为后世开创利益，最终也只会成为一种多余的伎俩。

沽名钓誉　未厌名利

【原文】

谈山林之乐者，未必真得山林之趣[1]。厌名利之谈者，未必尽忘名利之情。

【注释】

①趣：乐趣。

【译文】

好谈山居生活之乐的人，未必真的领悟了山林生活的乐趣；口头上说讨厌名利的人，未必真的将名利忘却。

无名无位　无忧无虑

【原文】

人知名位[1]为乐，不知无名无位[2]之乐为最真；人知饥寒为忧，不知不饥不寒之忧为更甚。

【注释】

①名位：名誉地位。②无名无位：指不受名声、地位所累。

【译文】

人们只知道有了名声、地位是一种快乐，殊不知，那种没有名声、地位牵累的快乐才是真正的快乐；人们只知道吃不饱、穿不暖令人忧愁，殊不知，那些没有饥寒之苦的人精神上的空虚忧愁更为痛苦。

无所妄念　追求自然

【原文】

天理[①]路上甚宽，稍游心[②]，胸中便觉广大宏朗；人欲[③]路上甚窄，才寄迹[④]，眼前俱是荆棘[⑤]泥涂。

【注释】

①天理：理学术语，指先天具有的道德法则，即天道。②游心：心念出入。③人欲：人的欲望。④寄迹：投身立足。⑤荆棘：比喻纷乱梗阻。《后汉书·冯异传》："异朝京师，引见，帝谓公卿曰：'是我起兵时主簿也，为吾披荆棘，定关中。'"

【译文】

追求自然真理的正道非常宽广，稍微用心追求，就感觉心胸坦荡开朗；追求个人欲望的邪道非常狭窄，一跻身于此，就发现眼前布满荆棘泥泞，寸步难行。

荣辱得失　心清如水

【原文】

我不希荣[①]，何忧乎利禄之香饵；我不竞进，何畏乎仕宦之危机？

【注释】

①希荣：希求荣华。

【译文】

我不去追求荣华富贵，怎么担心名利和官禄的诱惑呢？我不想升官发财，怎么会担心官场上潜伏的各种危机呢？

不恋富贵　不贪权利

【原文】

山河大地已属微尘，而况尘中之尘；血肉身躯且归泡影，而况影外之影。非上上智[①]，无了了心[②]。

【注释】

①上上智：佛教把人的智慧分为上、中、下三等，每等又分三等，上上智为最高等的智慧。②了了心：佛教术语，指通达之心。

【译文】

山川大地与广袤的宇宙空间相比，只是一粒微尘，何况人类不过是微尘中的微尘；我们的身体相对于无限的时间来说，只是一个泡影那么短暂，何况外在的功名富贵不过是泡影外的泡影。所以说，没有绝顶的智慧，就没有洞察真理的心。

一念贪私　坏了一生

【原文】

人只一念[①]贪私，便销刚为柔，塞智为昏[②]，变恩为惨[③]，染洁为污，坏了一生人品[④]。故古人以不贪为宝，所以度越[⑤]一世。

【注释】

①一念：佛教用语，即一动念，比喻极短的时间。②塞智为昏：阻碍智力，变得昏庸。③惨：狠毒。④品：品质、品德。⑤度越：超越。

【译文】

人只要有一丝贪图私利的念头，那么就会由刚直变为柔弱，由聪明变为昏庸，由慈悲变为恶毒，由高洁变为污浊，这样就损坏了他一生的品格。所以古人将没有贪念作为修身的宝贵品质，就是为了超越这个物欲的时代。

不昧惺惺　不受诱惑

【原文】

耳目见闻为外贼[①]，情欲意识[②]为内贼。是主人翁惺惺[③]不昧[④]，

独坐中堂[⑤]，贼便化为家人矣！

【注释】

①外贼：佛教对声、色、香、味、触、法等六尘的指称，它们会让人产生各种嗜欲，导致种种烦恼，故称“贼”。②情欲意识：内心的情感欲望。③惺惺：清醒，机警。唐玄觉《禅宗永嘉集·奢靡他颂》：“惺惺寂寂是，无记寂寂非。”④不昧：不糊涂。⑤中堂：厅堂正中。

【译文】

耳朵听到美音，眼睛看到美色，这些外界诱惑都是外来的贼，心中的情感和欲念都是人内心中潜藏的贼。可是只要灵魂保持正直清醒，不受诱惑，保持一片纯净的心境，那么这些使人受到诱惑的感受和心理都能化作帮助自己培养正直品德的好帮手。

有求无欲　人生至境

【原文】

田父野叟，语以黄鸡白酒[①]则欣然喜，问以鼎食则不知；语以温袍裋褐则油然乐，问以衮服则不识。其天全[②]，故其欲淡，此是人生第一个境界。

【注释】

①黄鸡白酒：喻指一般家常便饭。黄鸡，白切鸡。白酒，未经过配制的原酒。②天全：保全天性。

【译文】

在田间劳作的农夫或在野外谋生的老人，谈论到一般家常便饭就兴味很高，问到山珍海味则全不知道；谈论到温暖的粗布袍和麻布短衣就油然欣喜，问到华美的朝服却完全不知道。因为他们保持了纯真自然的本性，欲望淡泊，这是人生的第一等境界。

一起便觉　一觉便转

【原文】

念头起处，才觉向欲路[①]上去，便挽从理路[②]上来。一起便觉，一觉便转，此是转祸为福，起死回生的关头，切莫轻易放过。

【注释】

①欲路：欲望之路，指欲望膨胀。②理路：天理之路，指理性，理智。

【译文】

在念头刚刚产生时，一发觉此念是个人邪恶欲望的膨胀，便马上用理智将这种欲念拉回到正路上来。邪念一产生就发觉它，一发觉就转变方向，这就是将祸害转变为福祉、将死亡转变为生机的重要关头，千万不能轻易放过。

不耽富贵　自在放旷

【原文】

以幻境[①]言，无论功名富贵，即肢体亦属委形[②]；以真境言，无论父母兄弟，即万物皆吾一体。人能看得破，认得真，才可以任天下之负担，亦可脱世间之缰锁[③]。

【注释】

①幻境：虚幻的现象。②委形：道家术语，意指人的躯体并非人自己的，是不实的。③缰锁：缰绳，枷锁。

【译文】

从尘世无非虚幻的现象来看，不只功名富贵是假象，就连四肢五官也都是上天给予的躯壳；从客观世界中超越一切的眼光来看，不要说父母兄弟，就是万事万物也和我同为一体。所以，人要看得透彻，认得真切，才可以担负天下的重任，也才可以摆脱世间功名利禄的束缚。

持盈履满　君子谨慎

【原文】

老来疾病，都是壮时招的；衰后罪孽[①]，都是盛时造的。故持盈[②]履满[③]，君子尤兢兢[④]焉。

【注释】

①衰后罪孽：失意衰败之后遭受罪责。②持盈：指保守成业。③履满：指福寿完满。履，福禄。④兢兢：小心谨慎的样子。《诗经·小雅·小旻》："战战兢兢，如临深渊，如履薄冰。"

【译文】

人在年老时患的疾病，都是年轻时候不注意所造成的；人在失意以后还要遭受罪责，都是得意时候埋下的祸根。所以在拥有成功和圆满的生活时，一个正人君子不能不时时小心谨慎。

达不足贵　穷不足悲

【原文】

斗室中，万虑都捐[①]，说甚画栋飞云，珠帘卷雨；三杯后，一真自得，唯知素琴横月，短笛吟风。

【注释】

①捐：放弃。

【译文】

居住在狭窄的小房间里，能够抛弃一切私欲杂念，哪里还去管什么雕梁画栋飞檐入云的华屋；三杯酒下肚之后，胸中就会出现一片纯真自然的本性，这时只知道在月下抚琴，在微风中吹笛了。

公论不犯　权门不沾

【原文】

公平正论，不可犯手[①]，一犯，则贻羞万世；权门[②]私窦[③]，不可著脚[④]，一著，则沾污终身。

【注释】

①犯手：违犯。②权门：指权贵之家。③私窦：私门，指走后门。④著脚：涉足之意。

【译文】

公平正直是社会大众所公认的行为准则，千万不能去触犯，一旦触犯了，就会留下永远的耻辱；权贵们玩弄权势的地方，千万不能去涉足，一旦涉足了，就会玷污一世的清名。

不迷物欲　内心逍遥

【原文】

竞逐[①]听人，而不嫌尽醉；恬淡适己，而不夸独醒。此释氏所谓

“不为法缠[2]，不为空缠[3]，身心两自在者”。

【注释】

①竞逐：追逐，这里指追名逐利。②不为法缠：不被物欲迷惑。③不为空缠：不为虚幻迷惑。

【译文】

任凭别人去追名逐利，也不因为他人醉心于名利而去疏远他；保持恬静淡泊的心境，也并不夸耀自己的清高。这就是佛教所说的“不被物欲蒙蔽，也不被虚幻迷惑，身心俱逍遥自在的人”。

贪婪遭祸　守逸味长

【原文】

趋炎附势之祸，甚惨亦甚速；栖恬[1]守逸之味，最淡亦最长。

【注释】

①栖恬：栖守恬静。

【译文】

依附权势的人，所带来的祸害往往是最悲惨且最迅速的；保持恬静淡泊的生活态度，虽然很平淡，趣味却最悠久。

抛开物欲　得失泰然

【原文】

心无物欲，即是秋空霁海[1]；坐有琴书，便成石室丹丘[2]。

【注释】

①霁海：浩瀚无边的大海。②丹丘：道家炼丹之地。

【译文】

心中没有对名利物欲的贪求，就会像秋高气爽的天空和晴朗的海面一样明朗辽阔；在闲坐时有琴弦和书籍为伴，生活就会像居住在山洞中的神仙一样逍遥。

贪者常贫　知足常富

【原文】

贪得者，分金恨不得玉，封公怨不授侯，权豪自甘乞丐；知足者，藜

羹[①]旨于膏粱，布袍暖于狐貉，编民[②]不让王公。

【注释】

①藜羹：野菜汤。②编民：平民百姓。古代将百姓按户籍编册，故名。

【译文】

贪得无厌的人分到金银却恼恨得不到美玉，被封为公爵还要怨恨没有封上侯爵，明明是权贵之家却甘心成为精神上的乞丐；知足常乐的人，觉得野菜汤比肉的味道还要鲜美，粗布衣袍比狐皮貉裘还要温暖，虽然身为平民却比王公过得还要自在满足。

无欲则寂　虚心则凉

【原文】

欲其中[①]者，波沸寒潭，山林不见其寂；虚其中者，凉生酷暑[②]，朝市不知其喧。

【注释】

①欲其中：在心中升起欲望。②凉生酷暑：在酷暑中生起凉意。

【译文】

内心充满欲望的人，即使在寒冷的深潭中也会烧起沸腾的波浪，就是处在深山野林中也无法使心灵平静；内心没有私欲的人，即使在酷热的暑天也会感到浑身凉爽，就是在早晨热闹的集市上也感觉不到内心的喧嚣。

超越嗜欲　只求知足

【原文】

茶不求精而壶亦不燥，酒不求冽而樽亦不空。素琴无弦而常调，短笛无腔而自适。纵难超越羲皇[①]，亦可匹俦嵇阮[②]。

【注释】

①羲皇：伏羲氏，上古时代三皇之一，传为音乐始祖。②嵇阮：魏晋时“竹林七贤”中的嵇康和阮籍，精通音律。

【译文】

茶叶不要求最讲究，只要保证茶壶不干即可；酒不要求最醇美，只要酒杯不空即可。无弦之琴却能调出令身心愉悦的乐章，短笛不讲音调却

能使我心情舒畅。纵然比不上伏羲那样的朴实淡泊，也可以和嵇康、阮籍的飘逸洒脱相比。

不为物役　尘情即理境

【原文】

无风月花柳，不成造化；无情欲嗜好，不成心体。只以我转物，不以物役我，则嗜欲莫非天机，尘情[1]即是理境矣。

【注释】

①尘情：世俗情欲。

【译文】

没有清风明月、鲜花树木，就不为完美的大自然；没有喜怒哀乐、好恶爱憎，就不为人的本心。只由我掌握万物，而不让万物来束缚我，那么这些欲念无不是自然的机趣，尘世的俗情也成为理想的境界。

恰到好处　用心把握

【原文】

千金难结一时之欢，一饭竟致终身之感。盖爱重[1]反为仇，薄极[2]翻成喜也。

【注释】

①爱重：爱到极点。②薄极：指极小的恩惠。

【译文】

有时候价值千金的恩惠也难以打动人心，只换得一时之欢喜；有时候只一顿饭的恩惠却能使人终生感激。这是因为有时爱到极点反而反目成仇，而一点小小的恩惠反而容易讨人欢心。

沉淀欲念　豁达康乐

【原文】

无事时，心易昏冥，宜寂寂[1]而照以惺惺[2]；有事时，心易奔逸，宜惺惺而主以寂寂。

【注释】

①寂寂：沉静的样子。②惺惺：机警的样子。

【译文】

人在闲居无事时，心中最容易陷入昏沉迷乱，这时应该在沉静中保持自己的机警；人在有事忙碌时，心情最容易急躁不安，这时应该在机警中保持冷静。

欲时思病　利来思终

【原文】

色欲火炽，而一念及病时，便兴似寒灰；名利饴甘，而一想到死地，便味如嚼蜡。故人常忧死虑病，亦可消幻业[1]而长道心。

【注释】

①幻业：佛教认为善恶有业报，但是虚幻不实的，故称幻业。

【译文】

性欲像烈火一样旺盛，但人一想到生病时的情形，那么热烈的兴致就变成一堆死灰；功名利禄像蜜糖一样甜蜜，但人一想到为财而死的情形，那么对名利的追求就如同嚼蜡一般无味。所以如果一个人能常常想到疾病和死亡，那么就可以消除虚幻的追求而培养一些修行得道的心性。

欲有尊卑　贪无二致

【原文】

烈士[1]让千乘，贪夫争一文，人品星渊[2]也，而好名不殊好利；天子营家国，乞人号饔飧[3]，分位霄壤也，而焦思何异焦声。

【注释】

①烈士：行为刚烈的义士。②星渊：形容差别极大。星，天上星辰。渊，地下深渊。③饔飧：意为口腹生计。

【译文】

行为刚烈的义士可以将千乘之国礼让于人，贪求无厌的人却为一文钱而争夺，这两种人的品格有天壤之别，但义士好名的心理和贪财人好

利的心理并没有什么区别；天子掌管国家大事，乞丐沿街要饭，这两种人的身份、地位有天壤之别，但天子思虑国家事务的忧愁和乞丐乞求食物的急切没有什么区别。

无欲无求　悠然无滞

【原文】

峨冠大带[1]之士，一旦睹轻蓑小笠，飘飘然逸也，未必不动其咨嗟[2]；长筵广席之豪，一旦遇疏帘净几，悠悠焉静也，未必不增其绻恋。人奈何驱发火牛[3]，诱以风马[4]，而不思自适其性哉？

【注释】

①峨冠大带：古代达官贵人的服饰。峨冠，高耸的帽子。大带，腰间所系宽带。②咨嗟：感叹。③火牛：战国时一种战具，此指纵欲逐利。④风马：疾驰如风的马，此指人的欲望强烈。

【译文】

身穿华服、头戴高帽的达官贵人，如果有一天看到戴着斗笠、身穿蓑衣的百姓飘飘然逍遥自在，未必心中不会产生失落的感慨；生活奢靡、筵席不断的豪门大富，如果有一天看到窗明几净的平民悠然闲适的样子，未必没有慕恋的心态。世上的人为什么还要相争斗，还要违背常情去追逐名利呢？为什么不去过朴素的生活来顺应自己清淡的本性呢？

第八章　凡事随缘——淡泊篇

一念之差　失之千里

【原文】

人人有个大慈悲[①]，维摩[②]屠刽[③]无二心也；处处有种真趣味，金屋[④]茅檐非两地也。只是欲闭情封[⑤]，当面错过，便咫[⑥]千里矣。

【注释】

①慈悲：佛家术语，即慈善和怜悯。慈能给他人以快乐，悲能消除他人的痛苦。②维摩：佛名，即维摩诘。释迦同时人，也作毗摩罗诘。③屠刽：屠夫和刽子手。屠，宰杀家畜的屠夫。刽，指以执行罪犯死刑为专业的刽子手。④金屋：指富豪之家的住宅。⑤欲闭情封：被欲望和情感蒙蔽。⑥咫：一咫是八寸。此处指极桓的距离。

【译文】

每个人都有一颗慈善和怜悯的心，维摩诘居士和屠夫刽子手之间并没有什么不同；人间处处都有真正的情趣，金宅玉宇和草房茅屋之间也没有什么两样。只是人心往往被欲念和私情所蒙蔽，以至于错过慈悲心与真情趣，虽然看起来只有咫尺的距离，实际上已经相差千万里。

多分清醒　多分放下

【原文】

念头昏散[①]处，要知提醒，念头吃紧[②]时，要知放下。不然恐去昏昏之病，又来憧憧[③]之扰矣。

【注释】

①昏散：迷惑。②吃紧：紧张。③憧憧：来往不绝的样子。《易·咸》：“憧憧往来，朋从尔思。”

【译文】

当感到头脑昏沉纷乱、精神无法集中时，要注意使自己平静下来，清醒一下头脑；当工作繁忙、心理紧张时，可以暂时将工作放下使自己轻

松一下。如果不这样注意调节情绪，就容易出现多种毛病，一会儿头昏脑胀，一会儿又神思恍惚。

静闲淡泊　观心证道

【原文】

静中念虑[①]澄澈，见心之真体[②]；闲中气象从容，识心之真机；淡中意趣冲夷，得心之真味。观心证道[③]，无如此三者。

【注释】

①念虑：意念，思虑。②真体：真正本源。③证道：证悟天地至理。

【译文】

在平静中意念思虑清澈不染，可以看出心性的真正本源；在闲暇中气度舒畅悠闲，可以发觉心中真正的玄机；在淡泊中性情平淡冲和，可以体会心中真正的趣味。省察内心以觉悟天地间的至理，没有比这三种方法更好的了。

志从淡泊来　节在肥甘丧

【原文】

藜口苋肠[①]者，多冰清玉洁；衮衣[②]玉食者，甘卑膝奴颜。盖[③]志以澹泊[④]明，而节从肥甘[⑤]丧也。

【注释】

①藜口苋肠：指粗茶淡饭。藜，植物名，黄绿色新叶及嫩苗可吃。苋，植物名，茎叶可供食用。②衮衣：是古代帝王所穿的龙服，此处比喻华服。③盖：连词，承接上下文。④澹泊：一作“淡泊”，清心寡欲的意思。⑤肥甘：美味的东西，比喻物质享受。

【译文】

能够忍受得了粗茶淡饭的人，大多具有冰清玉洁的高尚情操；追求锦衣玉食的人，多甘受奴颜婢膝的屈辱。所以从淡泊名利中可以看得出高尚的志向，但高尚的志向也可在锦衣玉食中丧失。

君子之心　不滞不塞

【原文】

霁日青天[①]，倏变[②]为迅雷震电；疾风怒雨，倏转为朗月晴空。气机[③]何尝一毫凝滞，太虚[④]何当一毫障塞？人心之体，亦当如是。

【注释】

①霁日青天：白日晴空万里。霁，雨后转晴。②倏变：忽然转变。倏，忽然、迅速，形容时间极短。③气机：这里比喻主宰气候变化的大自然。④太虚：有两种说法。第一种出自《庄子·知北游》："是以不过乎昆仑，不游乎太虚。"成玄英疏："昆仑是高远之山，太虚是深远之理。"第二种出自《文选·游天台赋》："太虚辽廓而无阂。"注："太虚，谓天也。"

【译文】

一会儿是白日晴空万里，转瞬之间却乌云密布雷电交加；一会儿是暴风骤雨，转瞬之间又太阳高照或明月当空。大自然的运行无止无息，从来没有一刻停止，宇宙间的运动无比通畅，从没有一丝阻塞。所以人的心性也要和大自然一样毫无滞塞。

参透生死　自性真如

【原文】

发落齿疏，任幻形[①]之凋谢；鸟吟花开，识自性之真如。

【注释】

①幻形：佛教术语，即幻身。

【译文】

人到老年就会头发脱落、牙齿稀疏，那就任凭形骸自己凋谢好了；从鸟儿的歌唱和鲜花盛开中，体悟本性恒常不灭的道理。

看得豁然　生活安然

【原文】

鱼得水游，而相忘乎水；鸟乘风飞，而不知有风。识此可以超物累[①]，可以乐天机。

【注释】

①物累：为外界的事物所羁绊。

【译文】

鱼在水中才能自由游动，却并未意识到得益于水的支持；鸟儿乘风飞翔，却不在意是风托持着它。懂得了这个道理就可以超脱外物的束缚，享受到快乐的天趣。

清淡明志　雅淡抒节

【原文】

风恬浪静中，见人生之真境；味淡声稀[①]处，识心体之本然。

【注释】

①味淡声稀：喻指朴素淡泊的生活。

【译文】

在风平浪静的环境下，可以显现出人生的真实境界；在朴实淡泊的地方，才能体会心性的本来面貌。

心态平和　达观进取

【原文】

衮冕[①]行中，著一藜杖的山人，便增一段高风；渔樵路上，着一衮衣的朝士，转添许多俗气。固知浓不胜淡，俗不如雅也。

【注释】

①衮冕：指达官贵人。衮，龙袍。冕，古代士大夫戴的礼帽。

【译文】

在达官贵人的行列当中，如果出现一个手持藜杖隐居山中的高人，便可以增加一种高雅的风韵；在渔人樵夫往来的路上，如果有一位穿着朝服的达官显贵，反而会增添许多庸俗的气息。所以说浓艳比不上清淡，庸俗比不上高雅。

无为无争　低调谦让

【原文】

钓水，逸事也，尚持生杀之柄；弈棋，清戏[①]也，且动战争之心。可

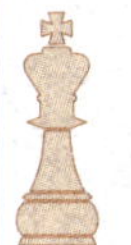

见喜事[2]不如省事[3]之为适，多能不若无能之全真。

【注释】

①清戏：轻松的游戏。②喜事：多事。③省事：少事。

【译文】

钓鱼本来是一种清闲洒脱的事，而其中却掌握着鱼儿的生杀予夺之权；下棋本来是轻松的娱乐游戏，而其中还充斥着争强好胜的战争心理。从中可以看出，多一事不如少一事，让人更加闲适，多才还不如平凡无才能够保全自己的真实本性。

不可刻意　不能执拗

【原文】

有浮云富贵之风，而不必岩栖穴处[1]；无膏肓泉石之癖，而常自醉酒耽[2]诗。

【注释】

①岩栖穴处：在深山洞穴中居住，指隐居。②耽：倾注。

【译文】

有视富贵如浮云的气度，就没有必要刻意居住到深山幽洞中去怡养心性；那些心中并不酷爱山石清泉的人，却总是附庸风雅作诗饮酒，陷于狂醉。

不存纤芥　心境坦荡

【原文】

风来疏竹[1]，风过而竹不留声；雁度寒潭[2]，雁去而潭不留影。故君子事来而心[3]始现，事去而心随空。

【注释】

①疏竹：稀疏的竹林。②寒潭：寒冷的潭水。③心：心事。

【译文】

当风吹过稀疏的竹林时会发出沙沙的声响，风过之后，竹林又归于寂静，而不会将声响留下；当大雁飞过寒冷的潭水时，潭面映出大雁的身影，可是雁儿飞过之后，潭面依然晶莹一片，不会留下大雁的身影。所以

君子临事之时才会显现出本来的心性，可是处理完事情后，心中就恢复了平静。

顺应因缘　顺应自然

【原文】

释氏随缘，吾儒素位，四字是渡海的浮囊[1]。盖世路茫茫，一念求全，则万绪纷起；随遇而安，则无入不得矣。

【注释】

①浮囊：浮水用的皮囊。

【译文】

佛家讲求顺应因缘、顺应自然，而儒家讲究保守本分，“随缘素位”这四个字是渡过人生苦海的宝船。大概因为人生之路茫茫无边，一产生追求完美的想法，那么各种纷乱的头绪就会不断；能够安然面对所遇到的事物，无论在哪里都可以怡然自得。

繁华成梦　富贵为空

【原文】

树木至归根，而知华萼[1]枝叶之徒荣；人事至盖棺，而后知子女玉帛之无益。

【注释】

①华萼：即花萼，指环列在花朵最外面的叶状薄片。

【译文】

树木到了凋谢枯萎的时候，才知道茂盛的枝叶和鲜艳的花朵只是一时的繁荣；人到了死后盖棺定论时，才知道原来追求子女众多、财物丰盈是毫无用处的。

心无系恋　乐境仙都

【原文】

山林是胜地，一营恋[1]便成市朝；书画是雅事，一贪痴便成商贾。盖心无染著[2]，欲境是仙都；心有系恋，乐境成苦海矣。

【注释】

①营恋：沉迷流连。②染著：佛教术语，污染。

【译文】

居住在山林中是很惬意的事，如果对山居有了贪恋，那么山林也成了俗市；欣赏书画是高雅的行为，如果有了贪求和痴恋，那就跟商人没有什么两样了。所以只要心地纯真、没有污染，即使身在物欲横流的环境中，也如同在仙境一般；心中牵挂太多，那么即使处在快乐的环境中，也如同在苦海中一样。

浓处味短　淡中趣真

【原文】

悠长之趣，不得于醲酽[①]，而得于啜菽饮水；惆恨之怀不生于枯寂而生于品竹调丝。故知浓处味常短，淡中趣独真也。

【注释】

①醲酽：浓厚的滋味，指烈酒。

【译文】

悠远绵长的趣味不一定能从浓烈的酒中得来，而是从清淡的蔬菜、清水中得来；惆怅悲恨的情怀不是从孤寂困苦中产生，而是从声色犬马中产生。由此可知，浓厚的味道往往很快消散，平淡的事物才最真实。

减省欲望　乐享生活

【原文】

损之又损，栽花种竹，尽交还乌有先生[①]；忘无可忘，焚香煮茗，总不问白衣童子。

【注释】

①乌有先生：虚构的人物，典出《子虚赋》。

【译文】

要把自己对名利的私欲减少再减少，从栽花种竹中培养生活的情趣，将一切烦恼和忧愁都交还给乌有先生；要把生活琐事忘掉，那么焚几缕清香，煮一壶好茶，甚至不必问在一旁侍候的白衣童子是谁。

清净内心　自在解脱

【原文】

交市人[①]不如友山翁，谒朱门不如亲白屋；听街谈巷语，不如闻樵歌牧咏；谈今人失德过举，不如述古人嘉言懿行[②]。

【注释】

①市人：市井之人，此指贪图名利之徒。②嘉言懿行：美好的言行。

【译文】

与市井凡俗之人交朋友不如与深山中的老翁交朋友，去拜谒达官贵人还不如亲近普通的平民百姓；听街头巷尾的是是非非，还不如去听樵夫和牧童歌唱；议论当今的人违背道德的行为和失当的举动，还不如讲述古代圣贤的美好言行。

喜时则喜　怒时则怒

【原文】

心体便是天体，一念之喜，景星庆云[①]；一念之怒，震雷暴雨；一念之慈，和风甘露；一念之严，烈日秋霜。何者少得，只要随起随灭，廓然[②]无碍，便与太虚同体。

【注释】

①景星庆云：即瑞星祥云。景星，又称大星，瑞星。庆云，即祥瑞之云。②廓然：宽阔高大的样子。

【译文】

人心的本性与大自然宇宙的本体是一致的。当人心中有了喜悦的念头时，就像大自然的天空出现瑞星祥云；当人心中有了愤怒的念头时，就像是大自然中雷雨交加的天气；当人人心中有慈悲的念头时，就像是春风雨露滋润天下万物；当人心中有严厉的念头时，就像寒霜烈日冷热逼人。有哪些又能少得了呢？只要人类的喜怒哀乐可以在兴起之后立即消失，心体如同天体广袤无边、毫无阻碍，便可以和天地同为一体了。

知足则仙　善用则生

【原文】

都来眼前事，知足者仙境，不知足者凡境；总出世上因，善用者生

机[1]，不善用者杀机[2]。

【注释】

①生机：机会。②杀机：危机，险境。

【译文】

面对眼前的一切，能够知足的人就感到生活在快乐的仙境中，不知满足的人就摆脱不了凡俗的境界；总结世上的一切原因，善于运作的人就能把握机会，不善运作的人就处处陷入危机。

洗尽铅华　大美不言

【原文】

宾朋云集，剧饮[1]淋漓，乐矣，俄而漏尽烛残[2]，香销茗冷，不觉反成呕咽，令人索然无味。天下事，率类此，人奈何不早回头也？

【注释】

①剧饮：畅饮。②漏尽烛残：形容夜深人静，曲终人散。漏，古代计时的工具。

【译文】

宾客朋友聚集在一起，酣畅痛饮，狂欢作乐，可是事过之后面对的只是燃尽的残烛、烧尽的檀香、冰凉的茶水，一切快乐已经烟消云散，回想刚才的一切，真让人感到兴味全无。天下的事情，都像快乐一样转瞬即逝，识时务的人为什么不及时回头呢？

无名多趣　省事心闲

【原文】

矜名[1]不若逃名趣，练事何如省事闲。

【注释】

①矜名：炫耀名声。

【译文】

炫耀自己的名声还不如逃避名声更有趣味，练达世事也不如多省一事来得悠闲自得。

清静无为　内心澄澈

【原文】

春日气象繁华，令人心神骀荡[1]，不若秋日云白风清，兰芳桂馥，

水天一色，上下空明，使人神骨俱清也。

【注释】

①骀荡：舒畅的意思。

【译文】

春天景致繁茂昌盛，让人感到心旷神怡，但不如秋高气爽，清风吹拂，白云飘飞，兰花桂花清香扑面，秋水与长天一色，天地澄澈清明，让人的身体和精神都感到清爽舒畅。

简单做人　简单生活

【原文】

禅宗[①]曰：“饥来吃饭倦来眠。”诗旨曰：“眼前景致口头语。”盖极高寓于极平，至难出于至易；有意者反远，无心者自近也。

【注释】

①禅宗：中国佛教宗派之一，主张“不立文字，以心传心”。

【译文】

禅宗有一则偈语说：“饥饿时吃饭，疲倦时睡眠。”《诗旨》中说：“用口头的语言表达眼前的景致。”这些都是将极深的哲理融入极为平淡的语言中，可见最难的东西也要从最简单处着手；凡事刻意去强求的人往往离真理更远，无心而任其自然的人反而比较接近真理。

胸无物欲　眼自空明

【原文】

胸中即无半点物欲，已如雪消炉焰冰消日；眼前自有一段空明[①]，时见月在青天影在波。

【注释】

①空明：空灵明净。

【译文】

心中没有半点对物质的欲望，已经像炉火将雪消融，像太阳将冰融化一样；自己的心目中有一片空灵明净的景象，就仿佛皓月当空水中映出其倒影一样。

溪壑易填　人心难满

【原文】

眼看西晋之荆榛[1]，犹矜白刃[2]；身属北邙[3]之狐兔，尚惜黄金。语云：“猛兽易伏，人心难降；溪壑易填，人心难满。”信矣！

【注释】

①荆榛：草木丛生，喻世事纷乱。②矜白刃：炫耀武力。矜，夸耀。③北邙：即邙山，因在洛阳以北，故名。

【译文】

当西晋的前途面临危险的时候，还有豪门贵族在夸耀武力多么豪强；眼看人将死去变成北邙山狐兔的食物，竟然还有人吝惜黄金。俗话说：“猛兽容易制伏，而人心难以降服；深谷容易填平，而人心难以满足。”这句话非常正确。

遇事从容　身心自在

【原文】

古德[1]云：“竹影扫阶尘不动，月轮穿沼水无痕。”吾儒[2]云：“立流任急境常静，花落虽频意自闲。”人常持此意，以应事接物，身心何等自在。

【注释】

①古德：佛教对得道高僧的尊称。②吾儒：古代儒生对有名望的学者的称呼，此指理学家。

【译文】

古时候有一位得道高僧说：“竹子的影子在台阶上掠过而尘土不会飞扬起来，月影倒映在池塘而水面不会生起丝毫波纹。”有一位儒家学者也说：“水流得再急，四周的环境仍然宁静，花落得再多，意兴依然闲适。”一个人如果常常以这样的生活态度来为人处世，那么身心是多么自在逍遥啊！

自在生活　悠然会心

【原文】

花居盆内终乏生机，鸟入笼中便减天趣；不若山间花鸟错集成

文[①]，翱翔自若，自是悠然会心。

【注释】

①错集成文：自然的错杂交接。文，此指自然景致。

【译文】

花木移栽到盆中终归失去了蓬勃的生机，飞鸟关入笼中就减少了盎然的生趣；不如山间的花鸟点染成美丽的景致，自由飞翔，这样才能使人悠然领会自然的妙趣。

彻见真性　自达圣境

【原文】

羁锁[①]于物欲，觉吾生之可哀；夷犹[②]于性真，觉吾生之可乐。知其可哀，则尘情立破；知其可乐，则圣境自臻[③]。

【注释】

①羁锁：束缚。②夷犹：留恋。《楚辞九歌湘君》："君不行兮夷犹。"③臻：到达。

【译文】

终日被物欲困扰的人，总觉得自己的生命很悲哀；留恋于本性纯真的人，会发觉生命的真正可爱。明白受物欲困扰的悲哀之后，世俗的情怀可以立刻消除；明白留恋于真挚本性的欢乐，圣贤的崇高境界会自然到来。

淡定冷静　谨慎从事

【原文】

权贵龙骧[①]，英雄虎战，以冷眼视之，如蚁聚膻，如蝇竞血；是非蜂起，得失猬兴[②]，以冷情当之，如冶化金，如汤消雪。

【注释】

①龙骧：像龙一样飞腾。②猬兴：像刺猬的刺一样密集。

【译文】

有权势的达官贵人像龙一样显示他们的威风，英雄豪杰像猛虎一样征战。用冷静的眼光来看待他们，只不过是像蚂蚁聚集在腥膻味旁争食，苍蝇竞相吸血一样；人间的是是非非像乱蜂涌集，人间的得失像刺猬的刺一样密集，用冷静的头脑来应付，不过就像金属在炉中冶炼，冰雪被沸水所融化一样。

艳为虚幻　返璞为真

【原文】

莺花[①]茂而山浓谷艳，总是乾坤之幻境；水木落而石瘦崖枯[②]，才见天地之真吾。

【注释】

①莺花：即鸟语花香。②石瘦崖枯：石头清冷，山崖光秃，形容秋天的肃杀之气。

【译文】

鸟语花香，草木繁茂，山谷溪流中充满了艳丽风光，然而这一切不过是大自然的虚幻境像；流水干枯，山崖光秃凋零，石面清冷，这样才表现了天地之间的真实境界。

食无求饱　居无求安

【原文】

神酣[①]布被窝中，得天地冲和之气；味足藜羹饭后，识人生淡泊之真。

【注释】

①神酣：精神畅快。

【译文】

安然舒畅地睡在粗布棉被中的人，可以吸收天地间平和的精气；满足粗茶淡饭的人，才能体会淡泊人生的真正趣味。

减却一事　轻松一世

【原文】

人生减省一分，便超脱一分。如交游减，便免纷扰；言语减，便寡衍尤[①]；思虑减，则精神不耗；聪明减，则混沌[②]可完。彼不求日减而求日增者，真桎梏此生哉！

【注释】

①衍尤：纷扰，纠纷。②混沌：本指天地未开之前的状态，此指人的天性。

【译文】

人生如果能减少一分事，就能够超脱一分俗务。如减少交际应酬，

就能免除不少纷扰；如减少一些言语，就能减少很多过失和责难；如减少一些操心着急，那么就少耗些精神；如减少一些小聪明，就能保持纯朴自然的本性。那些不求每天减少却希望增加的人，真是将自己的生命给束缚住了。

任其自然　万事安乐

【原文】

幽人[①]清事总在自适，故酒以不劝为欢，棋以不争为胜，笛以无腔为适[②]，琴以无弦为高，会以不期[③]约为真率，客以不迎送为坦夷[④]。若一牵文泥迹[⑤]，便落尘世苦海矣！

【注解】

①幽人：隐居不仕的人。②笛以无腔为适：意思是只为陶冶性情，不一定要讲求旋律节奏。③会以不期：没有指定时间，不受时间所约束。④坦夷：坦白快乐。韩愈有“颖水清且寂，箕山坦而夷”。⑤牵文泥迹：为一些烦琐的世俗礼节所牵累拘束。

【译文】

一个隐居的人，内心清净而俗事不少，一切只求适应自己的本性。因此喝酒时谁也不劝谁多喝，尽兴为乐；下棋只是为了消遣，以不为一棋之争伤和气为胜；吹笛只是为了陶冶性情，以旋律能融汇大自然的音韵为高；弹琴只是为了休闲，以不求旋律为高雅；和朋友约会是为了联谊，以不期而会为真率；客人来访要宾主尽欢，以不迎来送往为最自然。反之假如有丝毫受到世俗人情礼节的约束，就会落入烦嚣尘世苦海而毫无乐趣了。

平凡真趣　简单欣喜

【原文】

栽花种竹，玩鹤观鱼，亦要有段自得处。若徒留连光景，玩弄物华[①]，亦吾儒之口耳，释氏之顽空而已，有何佳趣？

【注释】

①物华：物产，指自然景色。

【译文】

种植花草竹木，饲鹤养鱼，都要有一种自得其乐的心理感受。如果

只是迷恋眼前的景致，玩赏表面的景色，也只是儒家所说的口耳学问，佛家所说的冥顽不灵，有什么乐趣可言呢？

秉持初心　心安身安

【原文】

风花之潇洒，雪月之空清[1]，唯静者为之主；水木之荣枯，竹石之消长，独闲者操其权。

【注释】

①空清：空明清朗。

【译文】

清风之下，花朵自由自在地随风飘舞，雪夜中明月皎洁空灵，只有内心宁静的人才能成为这美妙景致的主宰；流水边树木的繁茂或枯败，竹林间石头的消退增长，只有意态悠闲的人才能掌握和欣赏。

生活平淡　万般滋味

【原文】

有一乐境界，就有一不乐的相对待；有一好光景，就有一不好的相乘除。只是寻常家饭，素位[1]风光，才是安乐的窝巢。

【注释】

①素位：现在所处的地位，即安于本分，无非分之想。

【译文】

有一种快乐的境界，就一定有一种不快乐的境界相比较；有一处美好的景色，就一定有一处不美的景色相参照。只有那些普通的家常便饭，寻常的自然景色，才是真正安乐的归宿。

第九章　读书明理——求学篇

修德忘名　读书深心

【原文】

学者[①]要收拾精神[②]，并归一路。如修德而留意于事功[③]名誉，必无实诣[④]；读书而寄兴于吟咏[⑤]风雅[⑥]，定不深心[⑦]。

【注释】

①学者：做学问的人，即读书人。②收拾精神：收拾散漫不能集中的意志。③事功：事业。④实诣：实在造诣。⑤吟咏：指作诗歌时的低声诵读。⑥风雅：风流儒雅。⑦深心：深入人心。

【译文】

做学问就要集中精神，一心一意致力于研究。如果在修养道德的时候仍不忘记成败与名誉，必定不会有真正的造诣；如果读书的时候只喜欢附庸风雅，吟诗咏文，必定难以深入内心，有所收获。

心地干净　方可学古

【原文】

心地干净[①]，方可读书学古[②]。不然，见一善行，窃以济私[③]，闻一善言，假以覆短[④]，是又藉寇兵而济盗粮[⑤]矣。

【注释】

①心地干净：心性洁白无瑕。②学古：师法古代圣贤。③窃以济私：偷偷用来满足自己的私欲。④假以覆短：借名言佳句掩饰自己的过失。⑤藉寇兵而济盗粮：比喻被敌人所利用。藉，同“借”。济，送给。《史记·范雎传》：“齐所以大破者，以其所以伐楚而肥韩魏也，此所谓借贼兵、济盗粮者也。”

【译文】

心中有一方净土，能够做到纯洁无瑕的人，才能够研读诗书，学习圣贤的美德。如果不是这样的话，看见一个好的行为就偷偷地用来满足自己的私欲，听到一句好的话就借以掩盖自己的缺点，这便成了向敌人资助武器和向盗贼赠送粮食的行为了。

学以致用　学有所成

【原文】

读书不见圣贤，如铅椠庸[①]；居官不爱子民，如衣冠盗[②]；讲学不尚躬行，如口头禅[③]；立业不思种德[④]，如眼前花。

【注释】

①铅椠（qiàn）庸：书本的奴隶，书呆子。铅，铅粉笔。椠，削木为牍。铅椠就代表纸笔。②衣冠盗：偷窃俸禄的官吏。衣冠，此处指士大夫的穿戴。③口头禅：不明禅理，袭取禅家套语以资谈助者，谓之口头禅。④种德：培养品德。

【译文】

研读诗书却不洞察古代圣贤的思想精髓，只会成为一个书呆子；当官却不爱护黎民百姓，就像一个穿着官服、戴着官帽的强盗；讲习学问却不身体力行，就像一个只会口头念经却不通佛理的和尚；创立事业却不考虑积累功德，就像眼前昙花一样会马上凋谢。

兢业心思　潇洒趣味

【原文】

学者有段兢业[①]的心思，又要有段潇洒[②]的趣味。若一味敛束清苦[③]，是有秋杀[④]无春生，何以发育[⑤]万物？

【注释】

①兢业：也可作兢兢业业，小心谨慎、尽心尽力的意思。②潇洒：形容行为举止自然大方，不呆板，不拘束。杜甫《饮中八仙歌》：“宗之潇洒美少年。”③敛束清苦：形容处事拘谨，生活乏味。敛束，收敛约束。④秋杀：与春生相对，气象凛冽、毫无生机。⑤发育：催发、养育的意思。

【译文】

做学问的人要抱有专心求学的想法，行为谨慎，忧勤事业，也要有大度洒脱、不受拘束的情怀，这样才能体会到人生的真趣味。如果一味地约束自己的言行，过着清苦克制的生活，那么这样的人生就只像秋天一样充满肃杀凄凉之感，而缺乏春天般万木争发的勃勃生机，如何去培育万物成长呢？

触类旁通　乃真学问

【原文】

人解读有字书，不解读无字书；知弹有弦琴，不知弹无弦琴。以迹[①]用，不以神[②]用，何以得琴书之趣？

【注释】

①迹：表面的形体。②神：神韵。

【译文】

一般人只能读懂用文字写成的书，却无法读懂宇宙这本无字的书；只知道弹奏有弦的琴，却不知道弹奏大自然这架无弦之琴。一味执着于事物的形体，却不能领悟其神韵，这样怎么能懂得弹琴和读书的真正妙趣呢？

书中修身　谦逊知礼

【原文】

读《易》晓窗，丹砂研松间之露；谈经午案，宝磬[①]宣[②]竹下之风。

【注释】

①磬：古代打击乐器，后为佛教所用，改成钵形，用铜制成。②宣：传播，飘散。

【译文】

早晨在窗下诵读《易经》，用松树上的露珠来研磨朱砂批阅评点；中午在书桌旁谈论经书，只听见木鱼声和着竹林间的清风传向远方。

意气行事　难有作为

【原文】

凭意兴作为者，随作则随止，岂是不退之轮[①]；从情识[②]解悟者，有悟则有迷，终非常明之灯。

【注释】

①不退之轮：佛教用语，即“不退转”，是菩萨修行的最高阶位。②情识：情感。

【译文】

凭着自己一时的意气办事，情绪高的时候就去行动，冲动一过马上就停止，这样怎能成为不断前进永不倒退的车轮呢！从情感出发去领悟事理的人，有所领悟，也会有所迷惑，这样终究不是光亮的智慧明灯。

锲而不舍　百炼成金

【原文】

磨砺当如百炼之金，急就者，非邃养[①]；施为宜似千钧之弩，轻发者，无宏功。

【注释】

①邃养：高深的涵养。

【译文】

磨砺自己的意志应当像炼金一样，反复锻炼才能成功，急于成功的人，没有高深的修养；做事就像使用千钧之力的弓弩一样，要有的放矢，如果轻易施为，不会建立宏大的功业。

触物会心　举一反三

【原文】

鸟语虫声，总是传心之诀；花英[①]草色，无非见道之文。学者要天机清澈，胸次玲珑，触物皆有会心处。

【注释】

①花英：花朵。

【译文】

鸟的声音和虫儿的鸣叫，都是它们传达感情的方法；花的艳丽和草的翠绿，都是体现着道义的纹饰。读书人要心灵透彻、胸中光明，这样接触到任何事物才能心领神会。

平息意念　切记躁进

【原文】

机动[①]的，弓影疑为蛇蝎，寝石视为伏虎，此中浑是杀气；念息

的，石虎[2]可作海鸥，蛙声可当鼓吹，触处俱见真机。

【注释】

①机动：心机过多。②石虎：猫科动物，亦称“豹猫”，非常凶恶。

【译文】

好用心机的人，会怀疑杯中的弓影是毒蛇，将草中的石头当作蹲着的老虎，内心中充满了杀气；意念平和的人，把凶恶的石虎当作温顺的海鸥，把聒噪的蛙声当作吹奏的乐曲，眼中所见到的都是真正的机趣。

谦虚为学　实在为人

【原文】

心不可不虚[1]，虚则义理[2]来居；心不可不实，实则物欲[3]不入。

【注释】

①虚：谦虚。②义理：理学术语，指道义天理。③物欲：物质欲望，与“义理”相对。

【译文】

人一定要有虚怀若谷的胸襟，只有谦虚谨慎才能获得真知灼见；人一定要意志坚定，那样才能不受名利的诱惑。

一心一用　全神贯注

【原文】

善读书者，要读到手舞足蹈处，方不落筌蹄[1]；善观物者，要观到心融神洽时，方不泥迹象。

【注释】

①筌（quán）蹄：此处引申为俗套，成规。筌，捕鱼的竹器。蹄，捕兔子的器具。

【译文】

善于读书的人，要读到心领神会而忘形地手舞足蹈时，才不会掉入文字的陷阱；善于观察事物的人，要观察到全神贯注与事物融为一体时，才能不拘泥于表面现象而了解事物的本质。

人生百年　不可虚度

【原文】

天地有万古①，此身不再得；人生只百年，此日最易过。幸生其间者，不可不知有生之乐，亦不可不怀虚生②之忧。

【注释】

①万古：千年万代。②虚生：虚度一生。

【译文】

天地能够万古长存，可是人的生命不可再次获得；人的一生只有百年光景，是最容易度过的。有幸生活在世界上，不能不知道拥有生命的乐趣，也不能够不时常担忧是否会虚度一生。

幼时定基　少时勤学

【原文】

子弟者，大人之胚胎①；秀才者，士夫之胚胎。此时若火力不到，陶铸不纯，他日涉世立朝，终难成个令器②。

【注释】

①胚胎：原指寄生于母体内初期发育的动物，此引申为雏形。②令器：喻指优秀人才。

【译文】

小孩是大人的雏形，秀才是官吏的雏形。但如果锻炼得不够火候，陶冶得不够精纯，以后走向社会或者在朝做官，最终难以成为一个有用的人才。

虚心受教　大器晚成

【原文】

桃李虽艳，何如松苍柏翠之坚贞；梨杏虽甘，何如橙黄橘绿之馨冽①。信乎，浓夭②不及淡久，早秀不如晚成也。

【注释】

①馨冽：清香。②浓夭：浓烈却早逝。夭，夭折。

【译文】

桃李的花朵虽然鲜艳，但怎么比得上苍松翠柏的坚强不屈；梨杏果实虽然甘甜，但怎么能比得上黄橙绿橘蕴含的芬芳？确实如此，浓烈却消逝得快还不如清淡而维持得长久，少年得志还不如大器晚成。

扫除外物　直觉本来

【原文】

人心有一部真文章[①]，都被残篇断简[②]封锢了；有一部真鼓吹[③]，都被妖歌艳舞淹没了。学者须扫除外物，直觅本来[④]，才有个真受用[⑤]。

【注释】

①真文章：暗喻纯真的本性。②残篇断简：指残缺不全的书籍，此处有物欲杂念之意。③鼓吹：乐名，来自北方民族，泛指各种音乐。④本来：心性的本来面目。⑤真受用：真正的好处。

【译文】

每个人心中都有一部真正美妙的好文章，可惜都被残缺不全的杂乱文章所封闭；每个人心中都有一首旋律美妙的好乐曲，可惜都被那些妖冶的歌声、艳丽的舞蹈所掩盖。做学问的人一定要排除外界的诱惑，直接去寻求人心中最自然的本性，才能求得真正享用不尽的学问。

幻以求真　雅中求俗

【原文】

金自矿出，玉从石生，非幻[①]无以求真；道得酒中，仙遇花里，虽雅不能离俗。

【注释】

①幻：虚幻，假象。

【译文】

黄金从矿砂中冶炼出来，美玉由石头雕琢而成，这是说不经过虚幻就无法得到真实；道理可以在饮酒中求得，神仙能在声色场中遇到，这是说即使高雅也不能完全脱离凡俗。

困苦磨难　成就人生

【原文】

雨余观山色，景像便觉新妍[1]；夜静听钟声，音响尤为清越。

【注释】

①新妍：清新美丽。

【译文】

雨后观赏山峦秀色，就觉得景致非常清新美丽；在夜深人静时听见钟声，就觉得声音特别清远激越。

恒心不变　水滴石穿

【原文】

绳锯木断，水滴石穿，学道者须加力索[1]；水到渠成，瓜熟蒂落，得道者一任天机。

【注释】

①力索：努力求索。

【译文】

用细绳可以锯断树木，水滴可以将石头滴出小洞，研学道义的人应该努力去探索；水流之处自然形成沟渠，瓜果熟透时自会落下，想要悟得真理的人，需完全听任自然的契机。

磨练福久　参勘知真

【原文】

一苦一乐相磨练[1]，练极而成福者，其福始久；一疑一信相参勘[2]，勘极而成知[3]者，其知始真。

【注释】

①磨练：考验。②参勘：参是交互考证，勘是调查、核对。③知：通“智”。

【译文】

在人生路上经过艰难困苦的磨炼，磨炼到极致就会获得幸福，这样的幸福才会长久；对知识的学习和怀疑，交替验证探索研究，探索到最后而获得的知识，才是真理。

第十章　教子安家——育人篇

攻人之恶　思其堪受

【原文】

攻[①]人之恶[②]，毋[③]太严，要思其堪受[④]；教人以善，毋过高，当使其可从[⑤]。

【注释】

①攻：攻击，此处为指责、批评的意思。②恶：指缺点、隐私。③毋：不要。④堪受：能否接受。⑤可从：能够跟从，能够达到。

【译文】

批评别人的过错不要太严厉，要顾及别人是否能够承受；教人家做善事，也不要要求过高，要考虑对方是否能够做到，要使其感到力所能及。

愉色婉言　家庭和睦

【原文】

家庭有个真佛[①]，日用有种真道[②]，人能诚心和气，愉色[③]婉言，使父母兄弟间，形骸两释[④]，意气交流[⑤]，胜于调息观心[⑥]万倍矣！

【注释】

①真佛：真正的佛，此处比喻受佛法熏染的平和心态。②真道：真正的道理，此处指正确的处世方法。道，真理。③愉色：脸上所表现的快乐神色。④形骸两释：形骸，有形的肉体，躯壳。《庄子·内篇·德充符》：“今子与我游于形骸之内，而子索我于形骸之外，不亦过乎？”形骸两释，指人我之间没有身体外形的对立，即人与人之间和睦相处。⑤意气交流：彼此的意态和气概互相了解、互相影响。⑥观心：观察自己的种种行为，也就是反省自己。

【译文】

家里有一个真诚的信仰，日常生活中遵循一个真正的原则，人与人之间就能心平气和、坦诚相见，彼此能以愉快的态度和温和的言辞相待，

于是父母兄弟之间感情融洽，没有隔阂，意气相投，这比起坐禅调息、观心内省要强万倍。

教育弟子　交友要谨

【原文】

教弟子[①]如养闺女，最要严出入谨交游。若一接近匪人[②]，清净田[③]中下一不净的种子，便终身难植嘉禾[④]矣！

【注释】

①弟子：即子弟，泛指晚辈或学生。②匪人：泛指行为不正的人。③清净田：佛教用语，指清净的心田。④嘉禾：长得特别茂盛的稻谷。

【译文】

教育弟子就好像养闺中的女儿一样，最重要的是严格管理其生活起居，注意他所结交的朋友。一旦他结交了品行不端的朋友，就好像在肥沃的土地中，播下了一颗不良的种子，这样一来，就永远也种不出好的庄稼了。

崇俭养廉　守拙全真

【原文】

奢者[①]富而不足，何如俭者贫而有余？能者劳[②]而俯怨[③]，何如拙者[④]逸而全真[⑤]？

【注释】

①奢者：奢侈挥霍的人。②劳：劳苦。③俯怨：俯，聚集之处。俯怨指大众的怨恨。④拙者：笨拙的人。⑤逸而全真：安闲而能保全本性，道家语。

【译文】

生活奢侈的人即使拥有再多的财富也不会感到满足，哪里比得上那些虽然贫穷却因为节俭而有富余的人呢？有能力的人辛勤劳作而招致众人的怨恨，还不如那些生性笨拙的人无所事事而使自己保持纯真的本性。

立业念难　倾覆思易

【原文】

问祖宗之德泽[①]，吾身所享者是，当念其积累之难；问子孙之福祉，吾身所贻[②]者是，要思其倾覆之易。

【注释】

①德泽：恩泽，恩德。②贻：遗留。

【译文】

如果问祖先给我们留下什么恩德，那么我们现在所享受的生活就是，因此应当时时感谢祖先创造积累的艰辛；如果问子孙后代会享受到什么样的福分，那么只要看我们所留下恩泽的多寡就知道，同时，要考虑到覆败这些家业是很容易的。

家人有过　宽容以待

【原文】

家人有过，不宜暴怒，不宜轻弃。此事难言，借他事隐讽[①]之；今日不悟，俟[②]来日再警之。如春风解冻，如和气消冰，才是家庭的型范。

【注释】

①隐讽：用暗示的方法规劝。②俟：等待。

【译文】

家里有人犯了错，不应该大发脾气，也不应该轻易地放弃不管。如果这件事不好直接说，可以借其他事来提醒暗示，使他知错改正；今天不能使他醒悟，可以过一些时候再耐心劝告。这就像温暖的春风化解大地的冻土，暖和的气候使冰雪消融一样，是处理家庭琐事的典范。

不贪富贵　家和为贵

【原文】

炎凉之态[①]，富贵更甚于贫贱；妒忌之心，骨肉[②]尤狠于外人。此处若不当以冷肠御以平气[③]，鲜不日坐烦恼障中矣。

【注释】

①炎凉之态：即世态炎凉。②骨肉：指亲人。③御以平气：用平和之气来处理。

【译文】

人情冷暖之变化，富贵之家比贫苦人家更显得明显；嫉妒的心理，在至亲骨肉之间比外人表现得更为严重。面对这种情况，如果不能用冷静的态度予以处理，以平和的心态控制自己，那就很少有人不是天天处在烦恼的困境中了。

心无矫饰　乐活自存

【原文】

水不波[①]则自定，鉴不翳[②]则自明。故心无可清，去其混之者而清自现；乐不必寻，去其苦之者而乐自存。

【注释】

①波：波动。此处为动词。②翳：遮蔽。

【译文】

水没有波浪就自然平静，镜子没有灰尘就自然明净。所以人的心地并不需要刻意去追求什么清静，只要去掉私心杂念，就自然会明澈清静；快乐不必刻意去寻找，只要远离那些痛苦和烦恼，快乐就自然会呈现。

父慈子孝　伦常天性

【原文】

父慈子孝，兄友弟恭，纵作到极处，俱是合当如此，著不得一丝感激的念头。如施者任德[①]，受者怀恩，便是路人，便成市道[②]矣。

【注释】

①任德：自任其德。②市道：市井之道。

【译文】

父母对子女们慈爱，子女们对父母孝顺，兄长对弟妹们友爱，弟妹们对兄长敬重，即使是用了全部爱心做到了最完美的境界，也都是理所当然，不能够存有一丝感激的念头。如果互相之间存有一丝感激和报恩的想法，那么就是将至亲骨肉之间的关系当作陌路人来看待，真诚的骨肉之情就会变成一种市侩关系了。

放低心态　戒骄戒躁

【原文】

富贵家宜宽厚，而反忌刻[①]，是富贵而贫贱其行矣！如何能享[②]？聪明人宜敛藏[③]，而反炫耀，是聪明而愚懵[④]其病矣！如何不败？

【注释】

①忌刻：嫉妒刻薄。忌，猜忌、嫉妒。刻，刻薄寡恩。②享：享用。这里是拥有的意思。③敛藏：深藏不露。敛，收、聚、敛束。④懵：心神恍惚，对事物缺乏正确的判断，不明事理。《说文》：“懵，不明也。”

【译文】

富贵之家应该待人宽容仁厚，如果对人挑剔苛刻，那么即使处在富贵之中，其行为和贫贱无知的人没有两样，怎么能够长久享受幸福美满的生活？聪明有才华的人应该隐藏自己的才智，如果到处炫耀张扬，这种聪明就跟愚蠢没有什么区别，哪有不败的道理？

从容处变　剀切规友

【原文】

处父兄骨肉之变[①]，宜从容，不宜激烈；遇朋友交游之失，宜剀切[②]，不宜优游[③]。

【注释】

①父兄骨肉之变：指亲人之间发生变故。②剀（kǎi）切：切磋琢磨。指规过劝善。③优游：模棱两可。

【译文】

面对父兄或骨肉至亲之间发生的变故，应该沉着处理，不宜感情用事、抱持激烈的态度；在与朋友的交往过程中，一旦朋友之间发生什么过失，应该态度诚恳地规劝，不宜置之不管，让他错下去。

唯恕情平　唯俭用足

【原文】

居官有二语，曰：惟公则生明，惟廉则生威；居家有二语，曰：惟

恕则情平，唯俭则用足[1]。

【注释】

①用足：日用充足。

【译文】

做官有两句格言：只有公正无私才能明断是非，只有廉洁才能树立威信。治家也有两句格言：只有宽容才能心情平和，只有节俭家用才能充足。

广种福德　恩泽后世

【原文】

心者[1]后裔[2]之根，未有根不植而枝叶荣茂者。

【注释】

①心者：此指善良的本性。②后裔：子孙后代。

【译文】

善良的心地是子孙后代的根本，就像栽花种树一样，如果没有牢固的根基，就不可能有繁花似锦、枝叶茂盛的景象。

第十一章　随处安然——静心篇

和气喜神　天人一理

【原文】

疾风怒雨，禽鸟戚戚[①]；霁日光风[②]，草木欣欣。可见天地不可一日无和气，人心不可一日无喜神[③]。

【注释】

①戚戚：忧愁而惶惶不安。《论语》中说："君子坦荡荡，小人长戚戚。"②霁日光风：风和日丽。霁，指雨停。③喜神：本指主吉祥的神仙，此处为欣喜乐观的意思。

【译文】

疾风骤雨会使飞鸟走兽都感到哀婉悲伤；风和日丽会使花草树木都充满欣欣向荣的生机。从这些自然现象中都可以看到，人间不能够一天没有祥和安宁的气氛，人的心中不能够一天没有欣喜乐观的心情。

闹中取静　苦中作乐

【原文】

静中静非真静，动处静得来，才是性天[①]之真境；乐处乐非真乐，苦中乐得来，才是心体之真机[②]。

【注释】

①性天：心学术语，指"心"的自然本性。②真机：真正的快乐。

【译文】

在悄然无声的环境中所得来的宁静不能算是真正的宁静，只有从嘈杂喧闹的环境中得来的宁静，才是人类本性中真正静的境界；在快乐的地方得到乐趣不能算是真快乐，只有在艰苦的环境中仍然能保持乐观的心情，这种快乐才是人类本性中真正的快乐。

以心迓福　以道通厄

【原文】

天薄我以福[①]，吾厚吾德以迓之[②]；天劳我以形[③]，吾逸吾心[④]以补

之；天厄我以遇[5]，吾亨吾道[6]以通之。天且奈我何哉？

【注释】

①天薄我以福：命运不厚待我，给予我的福分少。②吾厚吾德以迓（yà）之：我用厚道的德行来迎接它（命运）。厚，与“薄”相对，厚道。迓，迎接。③天劳我以形：命运劳累我的形体。④吾逸吾心：我安逸自己的心灵。逸，安闲，安逸。⑤天厄我以遇：命运使我遭遇困境。⑥吾亨吾道：我通达自己的思想和主张。亨，通达，顺利。道，主张，思想。

【译文】

命运使我的福分浅薄，我便加强我的德行来面对它；命运使我的筋骨劳苦，我便安逸我的心来弥补它；命运使我的际遇困窘，我便加强我的道德修养使它通达。老天又能拿我怎么样呢？

控制情绪　化解矛盾

【原文】

当怒火欲水[1]正沸腾处，明明知得，又明明犯着。知的是谁？犯的又是谁？此处能猛然转念，邪魔便为真君[2]矣。

【注释】

①怒火欲水：喻指强烈的欲念。②真君：真正的主宰。

【译文】

当一个人的愤怒或欲念仿佛沸水翻腾时，人往往不能克制自己，虽然他自己知道这样做是不妥当的，但又偏偏去触犯。知道这个道理的是谁？明知故犯的又是谁？如果这时能够冷静下来，弄清问题的症结所在，犯的是什么错，突然觉悟而改变念头，那么邪恶的魔鬼也就变成慈祥的天王了。

心虚性现　意净心清

【原文】

心虚[1]则性现，不息心而求见性，如拨波觅月[2]；意净则心清，不了意[3]而求明心，如索镜增尘。

【注释】

①心虚：心中空灵没有杂念。②拨波觅月：即"水中捞月"。③了意：了却杂乱的意念。

【译文】

内心清净无物，人的本性就会显露出来，不熄灭妄想纷飞的心念却去寻找人的自然本性，就像拔开水中的波浪去捞月亮一样只是一场空；意念宁静纯洁，心灵就会清明，没有了却杂乱的意念而求内心清明，就像是为落满灰尘的镜子又增加了一层灰尘一样。

物自为物　我自为我

【原文】

我贵而人奉之，奉此峨冠大带[①]也；我贱而人侮之，侮此布衣草履也。然则原非奉我，我胡为喜？原非侮我，我胡为怒？

【注释】

①峨冠大带：高耸的帽子，宽大的衣服，指代高官显位。

【译文】

我富贵了人们就敬重我，敬重的是我穿着的华丽威严的官服；我贫穷了人们就轻视我，轻视的是我穿着的布衣和草鞋。人们原本敬重的是官服而不是我本人，我有什么可高兴的呢？人们原本轻视的是布衣草鞋而不是轻视我，我有什么可恼怒的呢？

忙里偷闲　闹中取静

【原文】

忙里要偷闲，须先向闲时讨个把柄[①]；闹中要取静，须先从静处立个主宰。不然，未有不因境而迁，随时而靡[②]者。

【注释】

①把柄：凭借，安排。②靡：喻手忙脚乱。

【译文】

要在十分忙碌的时候抽出一点空闲松弛一下身心，必须先在空闲的时候有一个合理的安排和考虑；要在喧闹中保持头脑的冷静，必须先在

平静时有个主张。如果不这样，一旦遇到繁忙或者喧闹的情形就会手忙脚乱。

躁急无成　平和得福

【原文】

性躁[1]心粗者，一事无成；心和气平者，百福自集。

【注释】

①性躁：性情急躁。

【译文】

性情急躁粗暴的人，一件事情也做不成；心地平静温和的人，所有的幸福都会为他降临。

趣不在多　景不在远

【原文】

得趣不在多，盆池拳石[1]间，烟霞俱足；会景不在远，蓬窗竹屋下，风月自赊[2]。

【注释】

①拳石：拳头大的石头，形容石头小。②赊：悠闲，享受。

【译文】

要想感受到生活的情趣并不在东西的多寡，即便一小池清水、几块怪石，也可欣赏到山水间无尽的景色；领悟自然的美景不在远近，即便在草窗竹屋之下，也可以感受到清风明月的悠闲。

劳攘自冗　徐生安然

【原文】

岁月本长，而忙者自促；天地本宽，而鄙者自隘；风花雪月本闲，而劳攘[1]者自冗[2]。

【注释】

①劳攘：忙碌无序。②冗：繁杂。

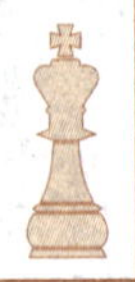

【译文】

岁月本来是很漫长的，而那些忙碌的人自己觉得时间短暂；天地之间本来宽阔无垠，而那些心胸狭窄的人却感觉到局促；风花雪月本来是增加闲情逸致的，而那些庸庸碌碌的人却觉得多余。

乐山乐水　陶冶心性

【原文】

松涧边，携杖独行，立处云生破衲[①]；竹窗下，枕书高卧，觉时月侵寒毡。

【注释】

①衲：补缀的衣服。

【译文】

在长满松树的小溪边，手拄拐杖独自散步，站立的地方云雾笼罩在身穿破袍的自己身边；在竹窗下，头枕书本无忧无虑地睡眠，等到醒来时，清凉的月光已经照在自己的薄毛毡上。

心性纯真　逍遥人生

【原文】

嗜寂者，观白云幽石而通玄[①]；趋荣者，见清歌妙舞而亡倦。唯自得之士，无喧寂[②]，无荣枯，无往非自适之天。

【注释】

①通玄：达到玄妙之境。②喧寂：喧嚣和寂寞。

【译文】

喜欢宁静的人，看到天上的白云和山间的幽石能悟出其中的玄机；喜欢荣华的人，听见清扬的歌声，看到美妙的舞蹈会忘记疲倦。只有那些淳朴自得的人，没有喧嚣或寂寞的烦恼，没有得志或失意的痛苦，过去和现在都是他自得逍遥的天地。

外物浮华　不如淡忘

【原文】

水流而境[①]无声，得处喧见寂之趣；山高而云不碍，悟出有入无

之机。

【注释】

①境：有形的环境。

【译文】

流水淙淙，而两岸的人却听不到流水的声音，由此可以看出在喧闹的环境中仍能享受寂静的趣味；高山耸立，云彩也不会觉得受到阻碍，从这里可以从有我中悟出无我的玄机。

静躁稍分　昏明顿异

【原文】

时当喧杂，则平日所记忆者，皆漫然忘去；境在清宁，则夙昔所遗忘者，又恍尔①现前。可见静躁稍分，昏明顿异也。

【注释】

①恍尔：忽然，恍然。

【译文】

人在喧闹杂乱的时候，平时所记着的事情，都会淡忘掉；当环境清静安宁的时候，过去所遗忘的东西又仿佛浮现在眼前。可见只要安静和浮躁稍有分明，那么昏聩和清醒就会迥然不同。

活在当下　坦然生活

【原文】

草木才零落，便露萌颖①于根底；时序虽凝寒，终回阳气于飞灰②。肃杀之中，生生之意常为之主，即是可以见天地之心。

【注释】

①萌颖：萌芽，新芽。②飞灰：古代测定时序的一种方法。

【译文】

花草树木刚刚枯萎时，已经在根底露出新芽；季节虽是到了寒冬，阳气终究会回来。在萧条的氛围中，却蕴含着主宰时势的无限生机，由此可见天地化育万物的本性。

趣味在心　不在境遇

【原文】

芦花被[1]下，卧雪眠云，保全得一窝夜气；竹叶杯中，吟风弄月，躲离了万丈红尘。

【注释】

①芦花被：芦花做被，形容生活闲适有情趣。

【译文】

以芦花做被，以雪地做床，以云彩做帐，在如此美景下睡眠，可以保持清凉安静的心境；以竹叶做酒杯，在清风明月下吟咏，可以逃避尘世中的纷乱烦扰。

身放闲处　心安静中

【原文】

此身常放在闲处，荣辱得失谁能差遣我；此心常安在静中，是非利害谁能瞒昧[1]我？

【注释】

①瞒昧：隐瞒，蒙蔽。

【译文】

使自己常常处在闲适的环境中，那么世间的荣辱得失如何能够左右我？使自己的心境经常保持安宁平静，那么世间的利害关系如何能够蒙蔽我？

放慢脚步　放空心灵

【原文】

竹篱下，忽闻犬吠鸡鸣，恍似云中世界；芸窗[1]中，雅听蝉吟鸦噪，方知静里乾坤。

【注释】

①芸窗：指书房。芸，一种可用作藏书辟毒的香草。

【译文】

立在竹篱下面忽然听到鸡鸣狗吠的声音，恍然让人觉得生活在神仙世界中；坐在书房里面忽然听到蝉鸣鸦啼，才感受到安静中蕴藏着无限情趣。

不睦繁华　宁静致远

【原文】

徜徉于山林泉石之间，而尘心渐息；夷犹[①]于诗书图画之内，而俗气潜消。故君子虽不玩物丧志，亦常借境调心。

【注释】

①夷犹：流连。

【译文】

在山间树林、清泉、怪石旁流连忘返，那么凡俗的心就会逐渐平息；寄情于读书、吟诗、作画的情趣中，那么庸俗的气息就会在不知不觉中消失。所以有德行的君子虽然不因沉溺于外物而消磨意志，也常常借助外物调节心境。

诗意禅味　自在人心

【原文】

一字不识，而有诗意者，得诗家真趣；一偈[①]不参，而有禅味者，悟禅教玄机。

【注释】

①偈：梵文“偈佗”的简称，比称“偈语”“偈句”，指代佛经中的唱颂词。

【译文】

一个字都不认识，却充满诗意的人，才体会到了诗的真正趣味；一句偈语都不参悟，却富有禅机的人，可以说已领悟禅理的奥妙。

乐享自然　安享闲逸

【原文】

帘栊[①]高敞，看青山绿水吞吐云烟，识乾坤之自在；竹树扶疏，任

乳燕鸣鸠送迎时序，知物我之两忘。

【注释】

①帘栊（lóng）：带帘子的窗户。

【译文】

将窗帘高高卷起，敞开窗户，欣赏青山绿水间云蒸霞蔚的美妙景致，才认识到大自然是多么美妙自在；竹林茂盛，树木疏朗，任小燕子和鸠鸟报告着季节的变化，因而领悟到万物合一、浑然忘我的境界。

置身自然　静心默想

【原文】

林间松韵，石上泉声，静里吸来，识天地自然鸣佩[①]；草际烟光，水心云影，闲中观去，见乾坤最上文章。

【注释】

①鸣佩：一种玉石，古人系在衣带上，行走时发出清脆的响声。

【译文】

山林中松涛声声，泉石间水流淙淙，静静听来，可以体会到天地之间大自然的美妙乐章；草丛上升起的迷蒙烟雾，水中央倒映的白云美景，悠闲地看去，是宇宙间最美妙的天然文章。

远离虚妄　不受熏染

【原文】

心地上无风涛，随在皆青山绿树；性天中有化育[①]，触处见鱼跃鸢飞。

【注释】

①化育：原为哺育，此处指善良的本性。

【译文】

如果心中平静没有烦乱的情绪，那么眼中所见都是青山绿水之美景；如果本性中有化育万物的爱心，那么所看之物无不是鱼跃鸟飞的生动景观。

高天可翔　万物可饮

【原文】

晴空朗月，何天不可翱翔，而飞蛾独投夜烛；清泉绿草，何物不可饮啄，而鸱鸮[①]偏嗜腐鼠。噫！世之不为飞蛾鸱枭者，几何人哉！

【注释】

①鸱（chī）鸮（xiāo）：猫头鹰一类的鸟。

【译文】

晴空万里，明月高照之下，哪里的空间不能任意翱翔，而飞蛾却偏偏要在夜间扑向烛火；清泉流水，绿草野果，哪一种东西不能饮食果腹，而鸱鸮却偏偏爱吃死老鼠。唉，世界上能不像飞蛾、鸱鸮那样犯傻的人又有几个呢？

清静之心　品悟生活

【原文】

诗思在灞陵桥[①]上，微吟就，林岫[②]便已浩然；野兴在镜湖曲边，独往时，山川自相映发。

【注释】

①灞陵桥：即灞桥，在今陕西西安东，汉时人送客至此桥，常折柳赠别。②林岫：山林峰谷。

【译文】

人在送别之地灞桥上最能诗兴大发，刚刚低声吟完，山峦丛林已经充满诗情画意；人在镜湖之畔独自漫步时，就可看见山水互相辉映，令人陶醉。

秉持天然　趣味悠长

【原文】

性天澄澈，即饥餐渴饮，无非康济[①]身心；心地沉迷，纵谈禅演偈，总是播弄精魂。

【注释】

①康济：本指安民济众，此为增进健康。

【译文】

本性清明纯真的人，饿了就吃渴了就喝，这一切都是为了保证身心健康；心中迷乱糊涂的人，即使谈论佛偈，也都是在浪费自己的精力。

心中清明　矢志不渝

【原文】

人心有个真境，非丝非竹而自恬愉，不烟不茗而自清芬。须念净境空，虑忘形释[①]，才得以游衍[②]其中。

【注释】

①虑忘形释：忘记忧虑，形体消释，形容心念清净。②游衍：悠然游乐。

【译文】

在人的内心中有一个真实的美妙境界，不需要丝竹管弦之音也觉闲适愉快，不燃香不饮茶也感清新芳香。必须要意念澄静，心境虚空，忘记忧思愁虑，解脱形体束缚，这样才能自如地悠游在妙境之中。

清除虚荣　遇得圆满

【原文】

意所偶会便成佳境，物出天然才见真机，若加一分调停布置，趣意便减矣。白氏[①]云：“意随无事适，风逐自然清。”有味哉！其言之也。

【注释】

①白氏：指唐代诗人白居易。

【译文】

因为意念中偶然的领悟达到最美妙的境界，事物要自然生成才能显现出真正的机趣，如果增加一些人为的安排布置，那么情趣意境就会消减。白居易诗云：“意随无事适，风逐自然清。”诗中的意思真值得玩味啊！

珍惜自性　机神触发

【原文】

万籁寂寥中，忽闻一鸟弄声，便唤起许多幽趣；万卉摧剥后，

忽见一枝擢秀[①]，便触动无限生机。可见性天未常枯槁，机神最宜触发。

【注释】

①擢秀：突出，挺拔。

【译文】

在寂静无声的时候，忽然听见鸟儿鸣叫，则会唤起许多幽情雅趣；当所有的花草都凋谢枯败后，忽然看见一枝花挺拔怒放，便会触动心灵产生无限生机。可见万物的本性并不会全部枯萎，生命的机趣应该不断激发。

放空心境　包容万物

【原文】

理寂则事寂，遣事执理者，似去影留形；心空则境空，去境存心者，如聚膻[①]却蚋[②]。

【注释】

①聚膻：聚集腥臭。②蚋：一种小昆虫，以吸食人畜的血为生。

【译文】

道理归于空寂，那么事情也归于空寂，舍弃事情而执着于道理，就好像要去除影子却要留下形体那样不当；内心如果保持空寂，那么外在的境遇也会随着空寂，舍弃境遇而仍然执着于本心，就好像以聚集腥臭来驱赶蚊蝇一样可笑。

因顺自然　回归质朴

【原文】

山居胸次[①]清洒，触物皆有佳思：见孤云野鹤，而起超绝之想；遇石涧流泉，而动澡雪之思；抚老桧寒梅，而劲节挺立；侣沙鸥麋鹿，而机心顿忘。若一走入尘寰，无论物不相关，即此身亦属赘旒[②]矣！

【注释】

①胸次：胸中，心胸。②赘旒（liú）：比喻多余之物。赘，多余。旒，旗下所垂的穗子。

【译文】

居住在深山中心胸清朗开阔，接触任何事物都有高雅的情感：看见一片孤云飘荡、一只野鹤飞翔可以产生超越一切的想法，遇到山谷中清泉流动会产生洗涤一切凡俗的想法，抚摸着苍老的松树和寒冬中的梅花会有挺立傲雪的情致，和海鸥、麋鹿在一起游玩可以忘却一切心机。如果回到尘世中，那么任何事物都和我不再相关，即使这个身体也觉得多余。

景与心会　自在天然

【原文】

兴逐时来，芳草中撒履闲行，野鸟忘机①时作伴；景与心会，落花下披襟兀坐②，白云无语漫相留。

【注释】

①忘机：忘却机诈。②兀坐：挺直而坐。

【译文】

一时兴致来的时候，在草地上脱掉鞋漫步，野鸟也忘了被捕捉的危险飞到身旁来做伴；当景色与心灵互相融会时，在飘落的花朵下披着衣裳静静地沉思，白云也似乎无言地停留在头上不忍离去。

见素抱朴　本色可贵

【原文】

山肴①不受世间灌溉，野禽不受世间豢养，其味皆香而且洌。吾人能不为世法所点染，其臭味不迥然别乎！

【注释】

①山肴：山中出产的美味。

【译文】

山林间的蔬菜野果不必接受人工的灌溉施肥，野生的禽兽没有接受人工饲养和照顾，可是它们的味道清香美妙。我们如果不被尘世间的功名利禄所污染，那么我们的气质不就和别人有很大的不同吗？

附　录

三峰主人题词

逐客孤踪，屏居蓬舍。乐与方以内人游，不乐与方以外人游也。妄与千古圣贤置辩于五经同异之间，不妄于二三小子浪迹于云山变幻之麓也。日与渔父田夫朗吟唱和于五湖之滨、绿野之坳；不日与竞刀锥、荣升斗者交臂抒情于冷热之场、腥膻之窟也。间有习濂洛之说者牧之，习竺乾之业者辟之，为谭天雕龙之辩者远之，此足以毕予山中伎俩矣。

适有友人洪自诚者，持《菜根谭》示予，且丐予序，予始訑訑然视之耳，既而彻上陈编，屏胸中杂虑，手读之。则觉其谭性命直入玄微，道人情曲尽岩险。俯仰天地，见胸次之夷犹；尘芥功名，知识趣之高达。笔底陶铸，无非绿树青山；口吻化工，尽是鸢飞鱼跃。此其自得何如，固未能深信，而据所擒词，悉砭世醒人之吃紧，非入耳出口之浮华也。

谭以“菜根”名，固自清苦历练中来，亦自栽培灌溉里得，其颠顿风波、备尝险阴可想矣。洪子曰：“天劳我以形，吾逸吾心以补天；天厄我以遇，吾高吾道以通之。”其所自警自力者又可思矣。由是以数语弁之，俾公诸人人，知菜根中有真味也。

（注：此序为洪自诚好友于孔兼所作。于孔兼，明金坛人，字元时，万历年间进士，官至礼部仪制郎中。后因直言劝谏而遭贬。晚年自号“三峰主人”。罢官田里后隐居二十年。）

《菜根谈》序

戊子之秋，七月既望，余以抱病在山，禁足阅藏。适岫云琮公由京来顾，出所刻《菜根谈》命予为序。于是公自言其略曰：

来琳初受近圆，即诣西方讲社，听教于不翁老人。参请之暇，老人私诫曰：“大德聪明过人，应久在律席，调伏身心，遵五夏之制，熟三聚之文，为菩提之本，作定慧之基。何急急以听教为哉？”居未几，

不善用心，失血莫医。自知法缘微薄，辞翁欲还岫云。翁曰：“善！察尔因缘在彼，当大有振作，但恐心为事役，不暇研究律部。吾有一书，首题《菜根谈》，系洪应明著。其间有仁语义语、持身涉世、隐逸显达、迁善介节、禅机旨趣、学道见道等语。词约意明，文简理诣。设能熟习而励行之，其于语默动静之间，穷通得失之际，可以补过，可以进德，且近于律亦近于道矣。今授于汝，宜知珍重！”尔时虽敬诺拜受，究不谕其为药石意也。

洎回岫云，历理常住事务，俱忝要职。当空花之在前，元由眼翳而莫辨。认水月以为实，本属天影而不知。由是心被景迁，神为力耗，不觉酿成大病，幸未及于尽耳。既微瘥，间无以解郁，因追忆往事，三复此书。乃悟从前事事皆非，深有负于老人授书时之心焉！惜是书行世已久，纸朽虫蠹，原板无从稽得，于是命工缮写，重付枣梨。请弁言于首，启迪天下后世。俾见闻读诵者身体力行，勿使如来琳老方知悔，徒自惭伤，是所望也。

余闻琮公之说，抚卷叹曰：“夫洪应明者，不知为何许人，其首命名题又不知何所取义，将安序哉？”窃拟之曰：菜之为物，日用所不可少，以其有味也。但味由根发，故凡种菜者必要厚培其根，其味乃厚。似此书所说“世味及出世味皆为培根之论”，可弗重欤？又古人云“性定菜根香。”夫菜根，弃物也，而其香非性定者莫知。如此书，人多忽之，而其旨唯静心沉玩者方堪领会。是欤？否欤？既不能反质于原人，聊将以俟教于来哲。即此为序。

时乾隆三十三年中元节后三日，三山通理达夫谨识

《菜根谈》序

余过古刹，于残经败纸中拾得《菜根谈》一录。翻视之，虽属禅宗，然于身心性命之学实有隐隐相发明者。亟携归，重加校雠，缮写成帙。旧有序文不雅驯，且于是书无关涉语，故芟之。著是书者为洪应明，究不知其为何许人也。

乾隆五十九年二月二日，遂初堂主人识

中华国学经典精粹

菜根谭

CAI GEN TAN

【明】洪应明 著
王朋飞 译

北京联合出版公司
Beijing United Publishing Co.,Ltd.

图书在版编目（CIP）数据

菜根谭 /（明）洪应明著；王朋飞译 . —北京：北京联合出版公司，2015.7（2023.7 重印）

（中华国学经典精粹）

ISBN 978-7-5502-4336-1

Ⅰ . ①菜… Ⅱ . ①洪… ②王… Ⅲ . ①个人－修养－中国－明代 ②《菜根谭》－通俗读物 Ⅳ . ① B825-49

中国版本图书馆 CIP 数据核字（2015）第 000086 号

菜根谭

作　　者：洪应明
责任编辑：王　巍
封面设计：曹柏光

北京联合出版公司出版
（北京市西城区德外大街 83 号楼 9 层　100088）
北京华夏墨香文化传媒有限公司发行
三河市刚利印务有限公司印刷　新华书店经销
字数 130 千字　880 毫米 ×1230 毫米　1/32　5 印张
2015 年 7 月第 1 版　2023 年 7 月第 18 次印刷
ISBN 978-7-5502-4336-1
定价：39.80 元
